金属材料与热处理

JINSHU CAILIAO
YU RECHULI

主　编　李贞惠　龚一浩
副主编　王　曾　廖汝洪　唐万军
　　　　陈　奇　杜　军
参　编　蔡绍彬　冯　伟　翁德平
　　　　何晶晶　朱　鸿　魏国权
　　　　王进峰　杨　海

重庆大学出版社

图书在版编目(CIP)数据

金属材料与热处理 / 李贞惠，龚一浩主编. -- 重庆：重庆大学出版社，2019.8

ISBN 978-7-5689-1157-3

Ⅰ. ①金… Ⅱ. ①李… ②龚… Ⅲ. ①金属材料—中等专业学校—教材②热处理—中等专业学校—教材 Ⅳ. ①TG14②TG15

中国版本图书馆 CIP 数据核字(2018)第 172650 号

金属材料与热处理

主 编 李贞惠 龚一浩

副主编 王 曾 廖汝洪 唐万军 陈 奇 杜 军

策划编辑:陈一柳

责任编辑:陈 力 涂 昀 版式设计:陈一柳

责任校对:谢 芳 责任印制:赵 晟

*

重庆大学出版社出版发行

出版人:饶帮华

社址:重庆市沙坪坝区大学城西路 21 号

邮编:401331

电话:(023)88617190 88617185(中小学)

传真:(023)88617186 88617166

网址:http://www.cqup.com.cn

邮箱:fxk@cqup.com.cn (营销中心)

全国新华书店经销

中雅(重庆)彩色印刷有限公司印刷

*

开本:787mm×1092mm 1/16 印张:10.75 字数:242 千

2019 年 8 月第 1 版 2019 年 8 月第 1 次印刷

ISBN 978-7-5689-1157-3 定价:32.00 元

编委会

前 言

金属材料与热处理是机械专业一门必修的专业基础课程。教材编写团队以人力资源和社会保障部的“金属材料与热处理”课程教学大纲为依据,结合一体化教材编写模式设计、组织了该教材的框架结构。

该教材以“项目为主线,任务为主题”,采用“项目导向、任务驱动”相结合的教学模式,实现教、学、做、练一体化。教材项目的编排顺序从宏观了解金属材料的应用与发展到微观分析金属材料内部的组织结构与性能关系,努力做到循序渐进,由易到难,由浅入深,将理论与实践相结合,以满足作为未来中级工或高级工所必须具有的专业基础知识,并为学生更好地学习专业课程奠定良好的基础。

因该课程具有理论性强、内容抽象、概念多等特点,加之技工院校学生年龄小,感性知识积累少,理论基础薄弱,实际生产知识匮乏,所以,教材编写团队在教材的编写过程中,将抽象的文字描述转变成直观的情境教学和案例教学,同时配备大量的教学图片,增加教学的直观性,将抽象的内容形象化、具体化,使学生更容易接受。本书图文并茂,学生既可从有针对性的图案和简洁的图表中获得知识,又可得到美的享受,从而增强抽象理论的可读性,使学习过程变得轻松而快乐。让教师采用新的教学方式,如“项目教学”“情境教学”“案例教学”等,提高学生学习兴趣,吸引学生注意力,丰富学生知识面。

教材共设计了6个项目,23个任务,每一个任务中设置了“情境导入”“讲一讲”“议一议”“评一评”“做一做”“拓展阅读”等栏目,充分调动学生的学习积极性、参与性,让学生在教学活动中完成专业基础知识的学习任务,提升学生的自我学习能力、交流表达能力。

本书由李贞惠、龚一浩担任主编,王曾、廖汝洪、唐万军、陈奇、杜军担任副主编,其余参编的老师有:蔡绍彬、冯伟、翁德平、何晶晶、朱鸿、魏国权、王进峰、杨海。

本教材在编写过程中,由于编者的水平有限,难免存在很多不足和疏漏之处,欢迎各位专家、同仁和广大读者批评斧正,以便进一步修订完善。

编　者

2018年6月

Contents 目录

项目一

金属材料的发展史与分类

任务一　认识金属材料的发展史

【情境导入】

随着人类社会的发展,科学技术水平的不断提高,人们的生活越来越便捷,而这一切都离不开材料的发展,材料是人类生存、发展以及改造自然的物质基础。近代以来,金属材料在社会经济发展中占有不可替代的地位(图 1-1)。在人类社会发展进程中金属材料的发展经历了哪些时代和过程呢?

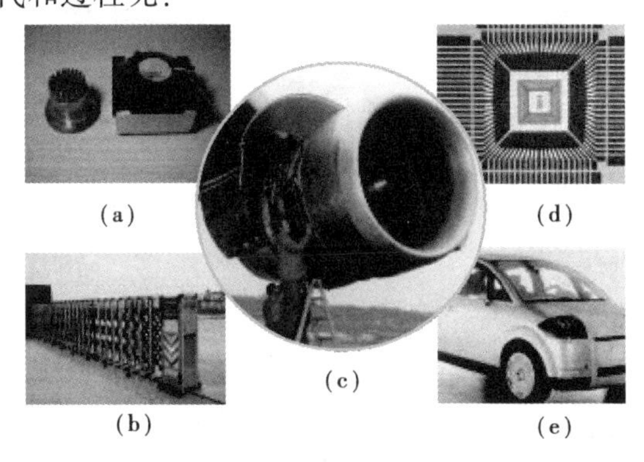

图 1-1　材料的应用

(a)计算机散热器中的纯铜柱;(b)电动伸缩门材料;(c)飞机喷气发动机中的钛合金部件;(d)精密电子元件中的金导线;(e)汽车钣金

【讲一讲】

一、人类历史时代的划分

1. 石器时代

石器(图 1-2)是以石头为原料制成的工具,是人类最早使用的生产工具。人类使用石器的时期称为石器时代。

(a)

(b)

图 1-2 石器

2. 青铜时代

青铜时代约从公元前 4000 年至公元初,中国始于公元前 1800 年。青铜时代标志着人类开始学会冶炼和使用金属材料(图 1-3)。

3. 铁器时代

铁器时代是继青铜时代之后的又一个时代,它以能够冶铁和制造铁器为标志(图 1-4)。世界上最早锻造出铁器的是赫梯王国,距今约 4500 年。

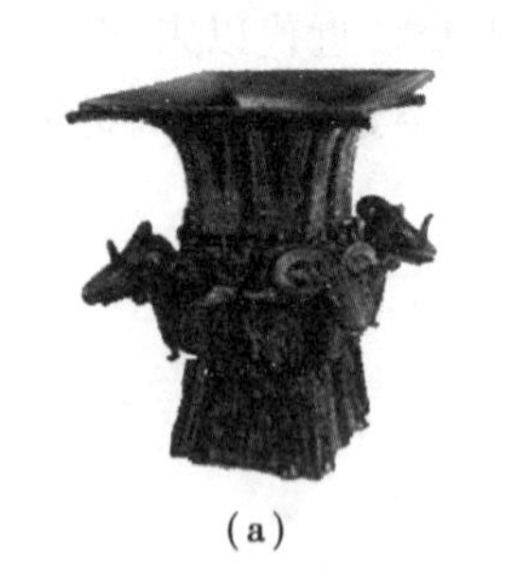

(a) (b)

图 1-3 青铜器

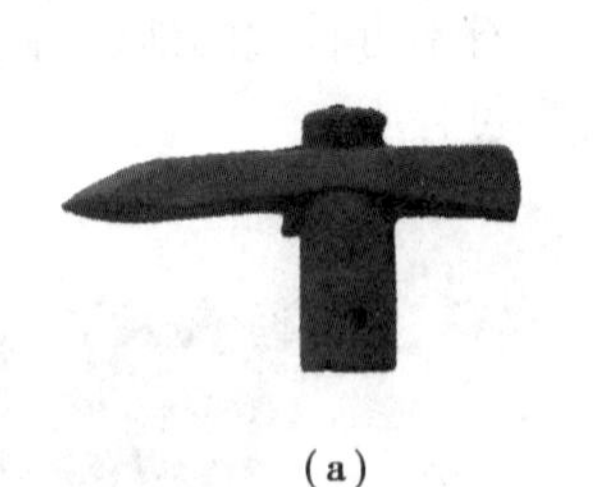

(a)

(b)

图 1-4 铁器

4. 钢铁时代

18 世纪的工业革命使人类使用材料的历史产生了重大突破,人类掌握了炼钢的方法。人们不再简单地使用工具,而开始使用真正意义的机器,这标志着工业时代的来临。钢铁材料在现代生活、生产、建筑等领域中扮演着重要的角色(图 1-5)。

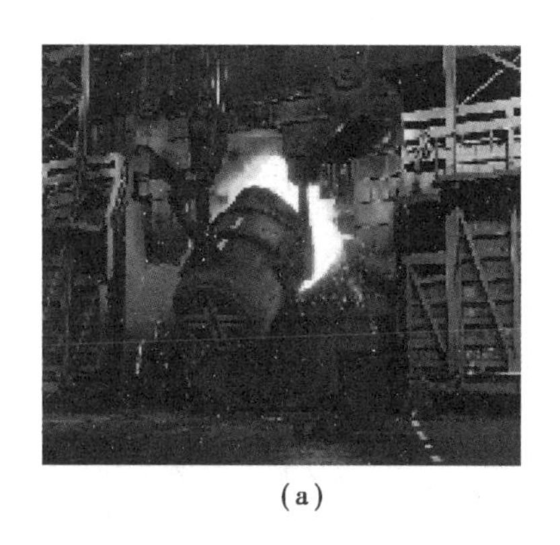
(a)

(b)

图 1-5　钢铁

5. 人工合成材料时代

合成材料又称人造材料(图 1-6),是人为地把不同物质经化学方法或聚合作用加工而成的材料,其特质与原料不同,如塑料、合金(部分合金)等。塑料、合成纤维和合成橡胶号称 20 世纪三大有机合成材料,它们的登台大大地提高了国民生活水平,对国计民生的重要性是不言而喻的。

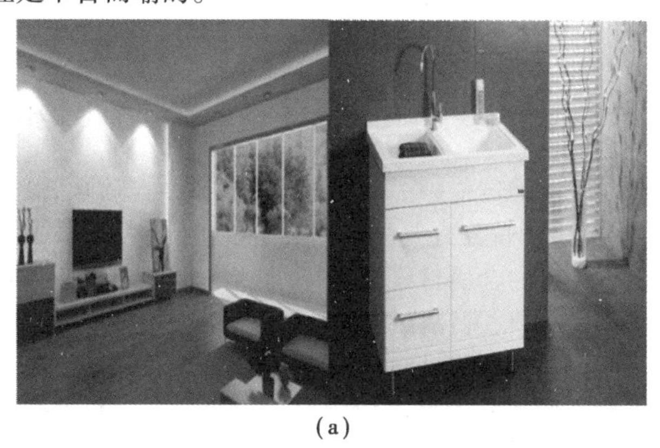
(a)

(b)

图 1-6　人工合成材料

二、金属材料在现代科学技术中的作用与地位

当今国际社会公认:材料、能源和信息技术是现代文明的三大支柱。从现代科学技术发展史中可以看到,每一项重大的技术发明往往都有赖于新材料的发展。

在人类使用的众多材料中,金属材料以其所特有的各种优异性能,被广泛地应用于生活和生产中,是现代工业和科学技术领域不可缺少的重要材料。金属材料是指金属元素或以金属元素为主构成的具有金属特性的材料的统称,包括纯金属、合金、特种金属材料等。在 21 世纪,金属材料仍占有重要地位,其主要原因是:

①金属材料资源丰富,在相当长时间内不会枯竭,在海洋和地壳深处都还蕴藏着大量的金属矿物有待开发。

②金属材料有非常成熟的生产工艺、相当大的生产规模、相当多的生产加工设施和长

期的使用经验,已经成为国民经济和社会发展的重要基础材料。

③金属材料具有优异的综合性能,是高分子材料和陶瓷材料无法替代的。

④金属材料仍具有很大的改进和发展空间,其新技术和新产品在不断增加,材料质量在不断提高。

三、金属材料的现状

当前的金属材料通常有黑色金属、有色金属和特种金属材料。

- 黑色金属材料又称为钢铁材料,包括工业纯铁、铸铁、碳钢材料,以及各种用途的结构钢、不锈钢、耐热钢、高温合金不锈钢等钢材。广义的黑色金属还包括铬、锰及其合金材料。
- 有色金属材料是指除铁、铬、锰以外的所有金属及其合金材料,通常分为轻金属、重金属、贵金属、半金属、稀有金属和稀土金属材料等。有色合金材料的强度和硬度一般比纯金属材料高,并且具有电阻大、电阻温度系数小的特点。
- 特种金属材料包括不同用途的结构金属材料和功能金属材料,其中有通过快速冷凝工艺获得的非晶态金属材料,以及准晶、微晶、纳米晶金属材料等;还有隐身、抗氢、超导、形状记忆、耐磨、减振阻尼等特殊功能合金以及金属基复合材料等。

四、金属材料的未来

当今社会,金属材料在人类社会中的地位受到了前所未有的挑战。一方面,高分子材料和陶瓷材料对传统金属材料造成冲击。首先是高分子材料,高分子材料尤其是工程塑料,从性能到应用的许多方面已能和传统的金属材料相抗衡,加上其原料丰富、价格便宜、产量惊人,已经迅速崛起。其次是陶瓷材料,陶瓷材料在现代电子工业中占有异常重要的地位。另一方面,金属材料自身对能源、资源和环境三方面造成的消耗很大。金属材料经过数千年的发展,某些主要的金属矿产资源日渐紧张、高质量的金属矿产很快减少,低质量的矿物使能源消耗和成本增加,这些都使金属工业成为能源的最重要消耗者,同时也是严重的环境污染者。基于以上的原因,金属材料的发展可以在以下两个方面进行:

①对已有的金属材料要最大限度地提高它的质量,挖掘它的潜力,使其产生最大的效益。这要求金属材料的制造技术要有飞跃性的进步。冶炼技术、炉外精炼技术、铸造技术、连铸连轧技术、热处理技术、粉末冶金技术等传统工艺的改进,加上微量杂质的控制技术、微量元素的合金化技术、高纯净度低偏析技术等的发明,都使金属材料焕发了第二春。

②希望金属材料能够开拓出新的功能,以适应更高的使用要求。例如,钛合金的记忆性以及生物亲和性等,都是传统金属材料在未来发展的新方向。

总之,回顾了金属材料的历史、作用、现状和未来,我们有信心相信,金属材料会在人类社会的明天展现出更好地服务人类的一面。

【议一议】

活动一:连连看,试将图 1-7 中的图片与所属时代连线匹配。

人工合成材料时代

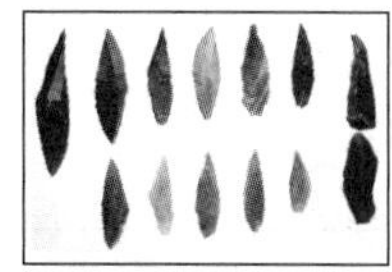

铁器时代

青铜时代

石器时代

图 1-7

活动二:说出下列金属材料在实际应用中有哪些优异性能?

1. 钛

2. 铝

3. 铜

4. 金

活动三:分组讨论金属材料的未来发展方向、趋势。

【做一做】

简答题

1. 列举5种不同种类金属及用途。

2. 简述金属材料在现代科学技术中的重要意义。

【评一评】

试用量化方式(评星)评价本节学习情况,并提出意见与建议。

学生自评：____

____

小组互评：____

____

老师点评：____

____

【拓展阅读】

材料的发展历史

纵观人类利用材料的历史，人类在大约公元前4000年由石器时代进入铜器时代，而后又在公元前1200年步入了铁器时代。此时出现的金属材料表明当时的社会生产力达到了一个新的高度，人们发现陶器能够承受高温，掌握了用火在陶质容器内把金属熔化，然后将液态的金属倒进模腔内，以铸成所需的工具。金属铜的应用早于金属铁，这是因为天然铜在自然界中存在而铁则被氧化，同时金属铜的熔点比金属铁的要低。随着炼铜技术逐步提升，我们的祖先已经不知不觉地发现了“合金”，最早的合金可能是青铜，它约由10%锡和90%铜构成。

随着青铜技术的不断发展，人们意识到增大锡的比例会使合金变硬，换句话说“合金”比单一的金属拥有更好的性能。此后更延伸出黄铜等适用于不同场合的合金。不久人类社会从青铜时代进入铁器时代。铁器时代已经能运用很复杂的金属加工工艺来生产铁器。铁的高硬度、高熔点与铁矿的高蕴含量，铁相对于青铜来说来得便宜并在各方面运用，所以其需求很快便远超青铜。而在几百年后的欧洲，资本主义萌芽带来的社会化大生产也促使金属的冶炼和材料的制造向着工厂化、规模化发展。

英国在18世纪初已经出现了“高炉”的原型，日产铁以吨计。开始工人们使用木炭等天然燃料，后来改用焦炭并安装上鼓风机，慢慢演变为近代的高炉，这是炼铁工业的起点。由于铁的大规模生产，人类物质文明的进一步提高，铁轨等应运而生。19世纪，一个英国人找到了将铁炼成钢的方法，他把空气直接鼓入铁水中使杂质烧掉。后来知道铁水中含有C、S、P等杂质，将影响铁的强度和脆性等；为提高铁的性能，需要对铁水进行再冶炼以去除上述杂质。对铁水进行重新冶炼以调整其成分的过程称为炼钢。在之后的一些由于铁的性能不足而引发的事故中，人类意识到钢是更适合的工程材料，于是代替铁轨的钢轨等钢材在人类社会中蔓延开来。由于金属材料的优良导电性，第二次工业革命的迅速开展使人类步入电气时代。

近代以来，合金钢以及其他金属材料飞速发展。高速钢、不锈钢、耐热钢、耐磨钢、电工用钢等特种钢相继出现，其他合金如铝合金、铜合金、钛合金、钨合金、钼合金、镍合金等加上各种稀有合金也不断发展，金属材料在全社会的经济发展中具有了不可替代的地位。

任务二　识记金属材料的分类

【情境导入】

金属材料在现代生产生活中具有不可替代的作用，不同的金属其组成元素不同且具有不同的性能，充分了解金属材料类型才能更好地掌握、应用金属材料（图1-8）。

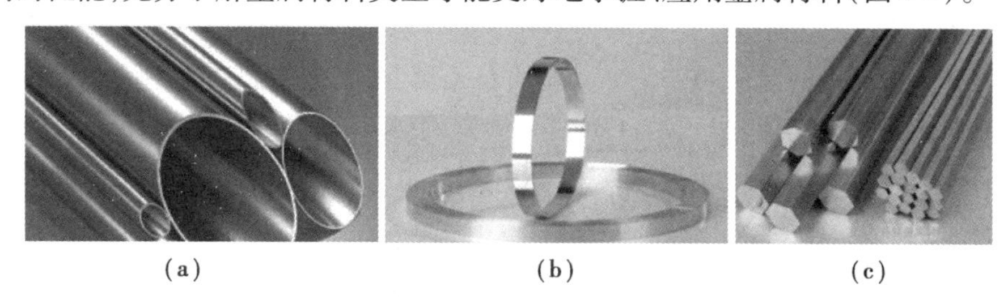

(a)　(b)　(c)

图1-8　金属材料

同学们，日常生活中常见金属材料有哪些？总体分为哪几种？每种金属材料的组成元素又有哪些呢？

【讲一讲】

金属及金属材料的分类

所谓金属是指由单一元素构成的具有特殊光泽以及一定的延展性、导电性、导热性的物质，如金、银、铜、铁、铝、锰、锌等。而合金是指由一种金属元素与其他金属元素或非金属元素通过熔炼或其他方法合成的具有金属特性的材料。金属材料是金属及其合金的总称，即金属元素或以金属元素为主构成的具有金属特性的物质。

金属材料通常分为三大类，即黑色金属材料、有色金属材料和硬质合金。

1. 黑色金属

黑色金属又称为钢铁材料（图1-9），包括含铁90%以上的工业纯铁、含碳2% ~4%的铸铁、含碳小于2%的碳钢以及各种用途的合金结构钢、不锈钢、耐热钢、高温合金、精密合金等。广义的黑色金属还包括锰（Mn）、铬（Cr）以及它们的合金。黑色金属的命名来源于钢铁表面常常被一层黑色的 Fe_3O_4 膜覆盖，而锰和铬常用来与铁制成合金钢，故将锰和铬与铁一起统称为黑色金属。

2. 有色金属

有色金属是指除了铁、铬以外的所有金属及其合金，通常又将其分为轻金属、重金属、贵金属、稀有金属等。有色金属中除了金为黄色，铜为赤红色以外多数呈银白色。有色金属合金的强度和硬度一般比纯金属高，并且电阻大、电阻温度系数小。

(a) (b)

图 1-9　黑色金属制品

(1)重金属

重金属一般是指密度 $\rho>4.5\ g/cm^3$ 的有色金属,包括元素周期表中的大多数过渡元素,如铜(Cu)、锌(Zn)、镍(Ni)、钴(Co)、钨(W)、钼(Mo)、镉(Cd)及汞(Hg)等。此外,锑(Sb)、铋(Bi)、铅(Pb)及锡(Sn)等也属于重金属。重金属主要用作各种用途的镀层及多元合金(图 1-10)。

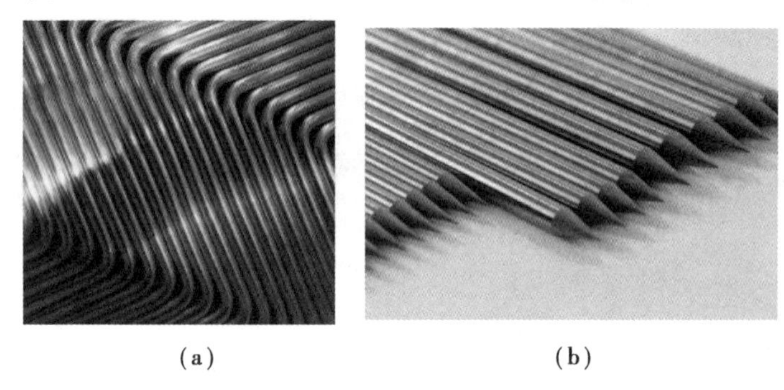

(a) (b)

图 1-10　重金属材料

(2)轻金属

密度 $\rho<4.5\ g/cm^3$ 的有色金属称为轻金属(图 1-11),如铝(Al)、镁(Mg)、钙(Ca)、钾(K)、钠(Na)、铯(Cs)等。工业上常采用电化学或化学方法对 Al、Mg 及其合金进行加工处理,以获得各种优异的性能。

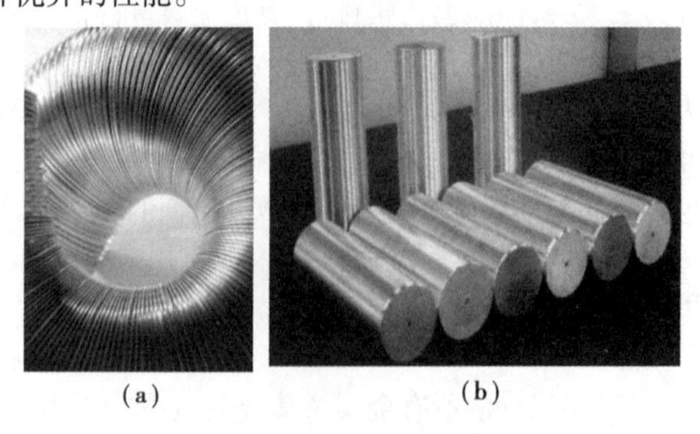

(a) (b)

图 1-11　轻金属材料

(3)贵金属

贵金属是指物理、化学性质稳定,地壳中蕴藏量少,价格昂贵或具有雍容华贵外观的有色金属,有金(Au)、银(Ag)、铅(Pt)、铑(Rh)、钯(Pd)、铱(Ir)、钌(Ru)和锇(Os)8 种。工业上常采用电镀方法在价格便宜的基体上获得贵金属的薄镀层,以满足高稳定性、电接触性能以及贵重装饰品的需求(图 1-12)。

(a)　　(b)

图 1-12　贵金属制品

(4)稀有金属

稀有金属一般是指在自然界中含量较少、分布稀散及研究应用较少的有色金属。稀有金属包括稀土金属、放射性稀有金属、稀有贵金属、稀有轻金属、难溶稀有金属及稀有分散金属等。

3. 硬质合金

硬质合金是由难熔金属的硬质化合物和黏结金属通过粉末冶金工艺制成的一种合金材料。硬质合金具有硬度高、耐磨、强度和韧性较好、耐热、耐腐蚀等一系列优良性能,特别是它的高硬度和耐磨性,即使在 500 ℃的温度下也基本保持不变,在 1 000 ℃时仍有很高的硬度。

硬质合金广泛用作刀具材料,如车刀、铣刀、刨刀、钻头、镗刀等,用于切削铸铁、有色金属、塑料、化纤、石墨、玻璃、石材和普通钢材,也可以用来切削耐热钢、不锈钢、高锰钢、工具钢等难加工的材料。

【议一议】

活动一:记一记常见有色金属元素种类。

活动二:连连看,试将常见金属元素与属性连线匹配。

黑色金属	稀土金属
重金属	银(Ag)
稀有金属	铝(Al)
贵金属	镍(Ni)
轻金属	铬(Cr)

活动三:分组讨论表 1-1 中现代金属材料的特点及材料代表。

表 1-1　现代金属材料的类型、特点与代表

材料类型	材料特点	材料代表
先进结构材料		
高温合金材料		
复合材料		
超导材料		
能源材料		
智能材料		
磁性材料		
纳米材料		

活动四：分组讨论传统金属材料未来的发展方向、应用前景。

【做一做】

一、判断题（正确的打√，错误的打×）

1. 铝合金具有密度小、导热性好、易于成型、价格低廉的优点。（　　）
2. 金属的硬度都比塑料的硬度大。（　　）
3. 金属的熔点比非金属熔点高。（　　）
4. 金属材料通常分为黑色金属材料、有色金属材料和特种金属材料。（　　）
5. 铝镁合金、合金钢属于先进结构材料。（　　）

二、列举下列金属在日常生活中的应用

1. 铝

2. 铜

3. 镁

4. 钨

【评一评】

试用量化方式(评星)评价本节学习情况,并提出意见与建议。

学生自评:______________________________

____

小组互评:______________________________

____

老师点评:______________________________

____

【拓展阅读】

一、现代金属材料的结构特点和用途

1. 先进结构材料

特点:高比强度、高比刚度、耐高温、耐腐蚀、耐磨损。

途径:细化、均匀化组织,合金化,改进加工技术。

代表:铝镁合金、合金钢,复合材料。

2. 高温合金材料

特点:高比强度、高比刚度,提高高温工作效率。

途径:颗粒或短纤维增强金属基复合材料。

用途:航空发动机,涡轮。

代表:Ti、Ti-Al 合金。

3. 复合材料

特点:高强度、高模量。

代表:铝、镁、钛等金属基体复合。

4. 超导材料

超导材料最诱人的应用是发电、输电和储能。

5. 能源材料

能源材料主要有太阳能电池材料、储氢材料、固体氧化物电池材料等。

6. 智能材料

常见的智能材料有形状记忆合金、压电材料、磁致伸缩材料等。

7. 磁性材料

磁性材料分为软磁材料和硬磁材料。

- 软磁材料:易于磁化并可反复磁化的材料。其代表有:铁硅合金、铁镍合金、非晶金属。
- 硬磁材料:永磁材料经磁化后,去除外磁场仍保留磁性。其代表有:铁氧体和金属永磁材料。

8. 纳米材料

纳米金属如纳米铁材料，是由 6 纳米的铁晶体压制而成的，较之普通铁强度提高 12 倍，硬度提高 2 ~ 3 个数量级。

对于高熔点难成形的金属，只要将其加工成纳米粉末，即可在较低的温度下将其熔化，制成耐高温的元件，用于研制新一代高速发动机中承受超高温的材料。

二、传统金属材料在未来发展的新方向

1. 镁及镁合金

镁由于优良的物理性能和机械加工性能，丰富的蕴藏量，已经被业内公认为最有前途的轻量化材料及 21 世纪的绿色金属材料（图 1-13），未来几十年内镁将成为需求增长最快的有色金属。

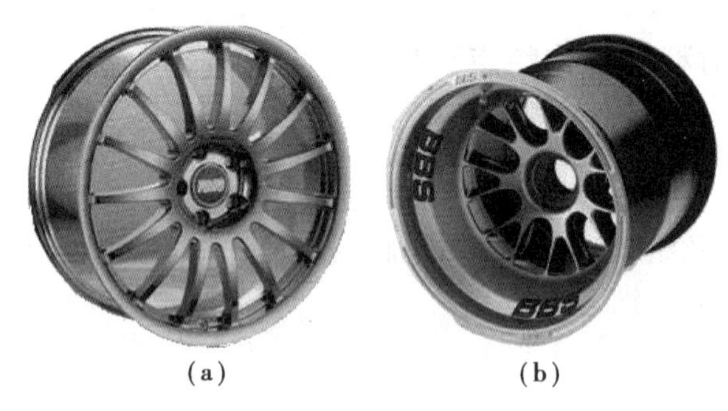

(a)　　(b)

图 1-13　镁合金轮毂

(1) 汽车、摩托车等交通类产品用镁合金

世界各大汽车公司已经将镁合金制造零件作为重要发展方向。在欧美国家中，汽车厂商将采用镁合金零件的多少作为车辆领先的标志，大众、奥迪、菲亚特汽车公司纷纷使用镁合金。20 世纪 90 年代初期，欧美小汽车上应用镁合金的重量，平均每车约 1 kg，至 2000 年已达到 3.6 kg 左右。目前，欧美各主要车厂都在规划在今后的 15 ~ 20 年，将每车的镁合金用量上升至 100 ~ 120 kg。

(2) 电子及家电用镁合金

近几年，电子信息行业镁合金的消耗量急剧增加，成为拉动全球镁消耗量增加的另一重要因素。

(3) 其他应用领域

以前，镁合金型材、管材主要用于航空航天等尖端或国防领域。近几年，由于镁合金生产能力和技术水平的提高，其生产成本已下降到与铝合金相当的程度，极大地刺激了其在民用领域的应用，如用作自行车架、轮椅、康复和医疗器械及健身器材。

2. 钛及钛合金

钛及钛合金具有密度小、比强度高和耐蚀性好等优良特性。随着国民经济及国防工业的发展，钛日渐被人们普遍认识，广泛地应用于汽车、电子、化工、航空、航天、兵器等领域。

3. 铝及铝合金

铝合金具有密度小、导热性好、易于成形、价格低廉等优点,已广泛应用于航空航天、交通运输、轻工建材等部门,是轻合金中应用最广、用量最多的合金。随着电力工业的发展和冶炼技术的突破,其性价比大为提高,目前交通运输业已成为铝合金材料的第一大用户。

(1)铝合金材料在航空航天中的应用

铝合金是亚音速飞机的主要用材,目前民用飞机结构上的用量为70% ~80%,其中仅铝合金铆钉一项每架飞机就有40万~150万个。据波音飞机公司的统计,制造各类民用飞机31.6万架,共用铝材7 100千t,平均每架用铝22 t。铝制零部件在先进军用飞机中的比例虽低一些,但仍占其自身总质量的40% ~60%。

铝锂合金具有低密度、高比强度、高比刚度、优良的低温性能、良好的耐腐蚀性能和卓越的超塑成型性能,用其取代常规的铝合金可使构件质量减轻15%,刚度提高15% ~20%,被认为是航空航天工业中的理想结构材料。在航天领域,铝锂合金已在许多航天构件上取代了常规高强铝合金。铝锂合金作为储箱、仪器舱等结构材料具有较大优势。

国外预测,含钪铝镁合金及其他系列的铝合金有可能成为下一代飞机的重要结构材料。TiAl基合金的板材除了有望直接用作结构材料外,还可以用作超塑性成型的预成型材料,并用于制作近净成形航空、航天发动机的零部件及超高速飞行器的翼、壳体等。

(2)铝合金在汽车中的应用

铝及铝合金是最早用于汽车制造的轻质金属材料,也是工程材料中最经济实用、最有竞争力的汽车用轻金属材料,从生产成本、零件质量、材料利用率等方面看,具有多种优势。

汽车用铝合金材料的3/4为铸造铝合金,主要是发动机部件、传动系部件、底盘行走系零部件。变形铝合金主要用于热交换器系统、车身系部件。铝基复合材料在某些范围内替代铝合金、钢和陶瓷等传统的汽车材料,用于汽车关键零件,特别是高速运动零件,对减少质量、减少运动惯性、降低油耗、改善排放和提高汽车综合性能等具有非常积极的作用,在汽车领域有着良好前景。

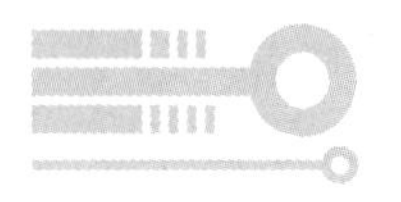

项目二

金属材料的性能

任务一　熟悉金属材料性能的内涵

【情境导入】

请讨论:如图 2-1 所示,为什么发动机外壳采用铸铁材料? 为什么家用电线采用铜线? 为什么车床车刀采用合金钢?

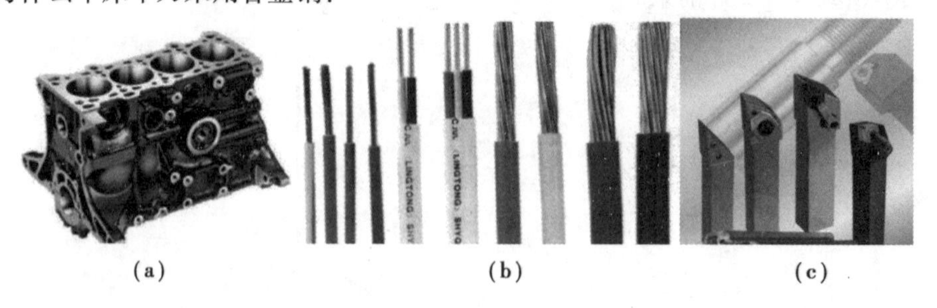

(a)　　(b)　　(c)

图 2-1　金属材料制品

(a)铸铁发动机外壳;(b)电线;(c)车刀

以上两种机械零件及家用电线为什么采用了不同的金属材料? 因为不同的金属材料在使用过程中表现出不同的性能,选用材料必须符合机件的使用要求,才能发挥机件机械

的性能及特性。所以，了解金属材料的性能不仅是选材、验收、鉴定的需要，也是合理进行产品加工的需要。为此，作为一名机械技术人员必须了解技术材料性能的内涵。

金属材料的性能包括工艺性能和使用性能。工艺性能是金属材料在制造工艺过程中所表现出来的适应加工性能；使用性能是金属材料在使用条件下表现出来的性能，包括物理性能、化学性能和力学性能。

【讲一讲】

一、工艺性能

金属对各种加工工艺方法所表现出来的适应性称为工艺性能，主要有以下 5 个方面：

1. 铸造性能

铸造性能反映金属材料熔化浇铸成为铸件的难易程度（图 2-2），表现为熔化状态时的流动性、吸气性、氧化性、熔点，铸件显微组织的均匀性、致密性，以及冷缩率等。铸造性能通常指流动性、收缩性、铸造应力、偏析、吸气倾向和裂纹敏感性。

2. 锻造性能

锻造性能反映金属材料在压力加工过程中成型的难易程度（图 2-3），如将材料加热到一定温度时其塑性的高低（表现为塑性变形抗力的大小），允许热压力加工的温度范围大小，热胀冷缩特性以及与显微组织、机械性能有关的临界变形的界限，热变形时金属的流动性、导热性能等。

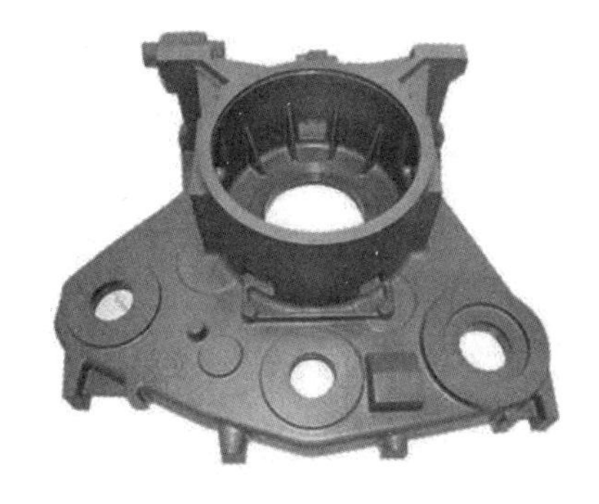

图 2-2　铸件

图 2-3　锻件

3. 焊接性能

焊接性能反映金属材料在局部快速加热，使结合部位迅速熔化或半熔化（需加压），从而使结合部位牢固地结合在一起而成为整体的难易程度（图 2-4），表现为熔点、熔化时的吸气性、氧化性、导热性、热胀冷缩特性、塑性以及与接缝部位和附近用材显微组织的相关性、对机械性能的影响等。

4. 切削加工性能

切削加工性能反映用切削工具（例如车削、铣削、刨削、磨削等）对金属材料进行切削加工的难易程度（图 2-5）。

图 2-4 焊接件

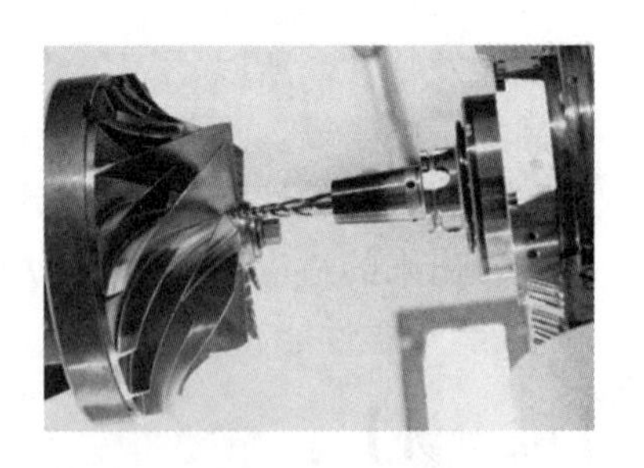

图 2-5 切削加工

5. 热处理性能

热处理是通过改变金属材料的组织或改变表面成分及组织，使其性能发生变化的一种加工工艺。热处理是机械制造中的重要过程之一，与其他加工工艺相比，热处理一般不改变工件的形状和整体的化学成分，而是通过改变工件内部的显微组织，或改变工件表面的化学成分，赋予或改善工件的使用性能（图 2-6）。其特点是改善工件的内在质量，而这一般不是肉眼所能看到的，所以它是机械制造中的特殊工艺过程，也是质量管理的重要环节。热处理是决定产品性能、寿命和可靠性的关键，热处理水平是制造业竞争力的核心要素之一。利用热处理技术优势，充分发挥材料潜力，引领新产品的开发是装备制造业自主创新的重要途径。

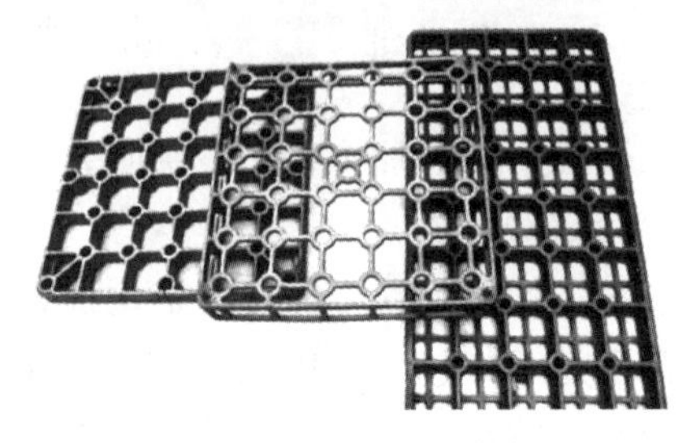

图 2-6 热处理产品

二、使用性能

1. 物理性能

物理性能是指金属材料本身所固有的属性，包括密度、熔点、导电性、导热性、热膨胀性和磁性 6 个指标。

- 密度（比重）：密度的公式见式(2-1)。

$$\rho = \frac{P}{V} \tag{2-1}$$

式中 ρ——密度，单位为 g/cm^3 或 t/m^3；

P——质量；

V——体积。

在实际应用中，除了根据密度计算金属零件的质量外，很重要的一点是考虑金属的比强度（强度 σ_b 与密度 ρ 之比）来帮助选材，以及与无损检测相关的声学检测中的声阻抗（密度 ρ 与声速 C 的乘积）和射线检测中密度不同的物质对射线能量有不同的吸收能力等。

- 熔点：金属由固态转变成液态时的温度，对金属材料的熔炼、热加工有直接影响，并与材料的高温性能有很大关系。
- 导电性：金属材料传导电流的能力，如铜丝和铝丝各具有不同的导电性。
- 导热性：金属材料在单位时间内，当沿热流方向的单位长度上温度降低（1 ℃）时，

单位面积所通过的热量。

- 热膨胀性：随着温度变化，材料的体积也发生变化（膨胀或收缩）的现象称为热膨胀，多用线膨胀系数衡量，即温度变化 1 ℃时，材料长度的增减量与其 0 ℃时的长度之比。
- 磁性：能吸引铁磁性物体（铁、钴、镍）的性质即为磁性，它反映在磁导率、磁滞损耗、剩余磁感应强度、矫顽磁力等参数上，从而可以把金属材料分成顺磁与逆磁、软磁与硬磁材料。

2. 化学性能

化学性能是指金属材料在化学作用下所表现出来的性能，主要包括耐腐蚀性、抗氧化性和化学稳定性 3 个指标。

- 耐腐蚀性：在常温下，金属材料抵抗周围介质腐蚀破坏作用的能力。它主要由材料的成分、化学性能、组织形态等决定。
- 抗氧化性：金属材料在高温时抵抗氧化性气氛腐蚀作用的能力。
- 化学稳定性：是耐腐蚀性和抗氧化性的总成。

3. 力学性能

力学性能是指金属材料在外力（外载荷）的作用下，所表现出来的抵抗变形或断裂的能力。衡量金属材料强度的指标有强度、塑性、硬度、韧性和疲劳强度。

- 强度：金属材料在静荷作用下抵抗破坏（过量塑性变形或断裂）的能力。通常采用静拉伸实验测量材料的屈服强度（R_{eL}）抗拉强度（R_m）。
- 塑性：金属材料在静载荷作用下，产生塑性变形（永久变形）而不破坏的能力。通过经拉伸试验测得的塑性指标有断后伸长率（A）和断面收缩率（Z）。
- 硬度：金属材料抵抗其他更硬的物体压入其表面的能力。目前生产中测定硬度方法最常用的是压入硬度法，它是用一定几何形状的压头在一定载荷下压入被测试的金属材料表面，根据被压入程度来测定其硬度值。常用的方法有布氏硬度（HB）、洛氏硬度（HRA、HRB、HRC）和维氏硬度（HV）等方法。
- 冲击韧性：金属材料在冲击载荷作用下抵抗破坏的能力，也称冲击韧度。采用冲击试验进行测量，测得的冲击吸收功分别根据缺口的形状（U 形和 V 形缺口）不同用 A_{ku} 和 A_{kv} 表示，数值越大，韧性越好。
- 疲劳强度：金属材料抵抗交变载荷的作用而不产生破坏的能力。采用疲劳试验测得的疲劳强度用符号 R_{-1} 表示。

【议一议】

活动一：连连看，试将金属性能与常见表现形式连线匹配。

热处理性能	铣削
焊接性能	氧化性
铸造性能	塑性和变形抗力
切削加工性能	金属晶相组织
锻造性能	铸造应力

活动二:分组讨论下列3种金属材料的物理性能指标的差异。

铜

铝

铁

活动三:连连看,试将下列金属性能与其所属属性连线匹配。

化学性能	锻造性能
物理性能	塑性
力学性能	抗氧化性
工艺性能	密度

【做一做】

一、判断题(正确的打√,错误的打×)

1. 铸造性能属于金属的工艺性能。 ( )
2. 车削属于金属的铸造性能。 ( )
3. 金属的力学性能包括强度、塑性、硬度、疲劳、冲击韧性。 ( )
4. 抗腐蚀性属于金属材料的物理性能。 ( )
5. 密度、熔点、磁性都属于金属材料的物理性能。 ( )

二、简答题

1. 简述金属材料工艺性能、力学性能包含的内容。

2. 列举两种生活中常见金属材料对比分析两种金属材料的物理化学性能。

【评一评】

试用量化方式(评星)评价本节学习情况,并提出意见与建议。

学生自评:____

____

小组互评:____

____

老师点评:____

____

任务二　测定螺栓的强度与塑性

【情境导入】

如图 2-7 所示，在螺栓连接中拧紧螺母时，螺栓受到拉伸，当外力超过其本身抗力时，导致螺栓发生变形，甚至断裂。螺栓在使用过程中会发生损坏，不但严重影响生产，而且严重时会造成人员安全事故。为此，要求螺栓必须具有足够的强度和塑性。螺栓强度与塑性评价指标有哪些？它们分别用什么符号表示呢？应如何测定？

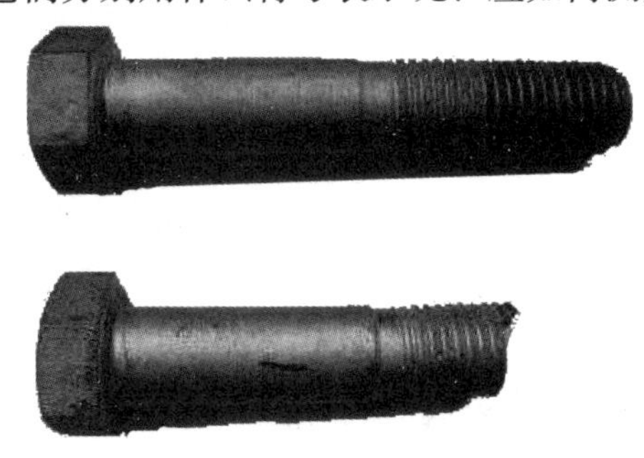

图 2-7　螺栓的变形与断裂

【讲一讲】

一、螺栓常见的损坏形式

螺栓在使用中常见的损坏形式有变形、断裂、磨损等，见表 2-1。为避免螺栓在使用过程中出现变形或者断裂的现象，在使用前首先要确定螺栓的强度和塑性是否能够满足使用要求。

表 2-1　机械零件常见的损坏形式

分类	图　样	说　明
变形	螺栓发生弯曲	零件在外力作用下形状和尺寸所发生的变化称为变形。 变形分为弹性变形和塑性变形。弹性变形是指外力消除后能够恢复的变形；塑性变形是指外力消除后无法恢复的永久性变形。造成零件损坏的变形，通常是指塑性变形

续表

分类	图样	说明
断裂	折断的螺栓	零件在外力作用下发生开裂或折断称为断裂
磨损	螺纹前端齿牙磨损	因摩擦而使零件尺寸、表面形状和表面质量发生变化的现象称为磨损

二、螺栓强度和塑性的测定

1. 强度

材料在外力作用下抵抗塑性变形或断裂的能力称为强度，其大小通常用应力来表示。根据载荷作用方式不同，可将强度分为屈服强度、抗拉强度、抗压强度、抗弯强度和抗扭强度等。一般情况下，多以屈服强度和抗拉强度作为判别强度高低的重要依据。

抗拉强度和塑性是通过拉伸试验测定的。拉伸试验方法是将被测金属试样装夹在拉伸试验机上，在试样两端缓慢施加轴向拉伸载荷，观察试样的变形情况，同时连续测量外力和相应的伸长量，直至试样断裂，根据测得的数据即可计算出有关的力学性能。

(1)拉伸试样

选取制造螺栓的材料按照国家标准《金属材料拉伸试验 第1部分：室温试验方法》(GB/T 228.1—2010)对试样的形状、尺寸及加工要求制成标准试样。图2-8所示为拉伸试验机；图2-9所示为圆形拉伸试样。

图2-8 拉伸试验机

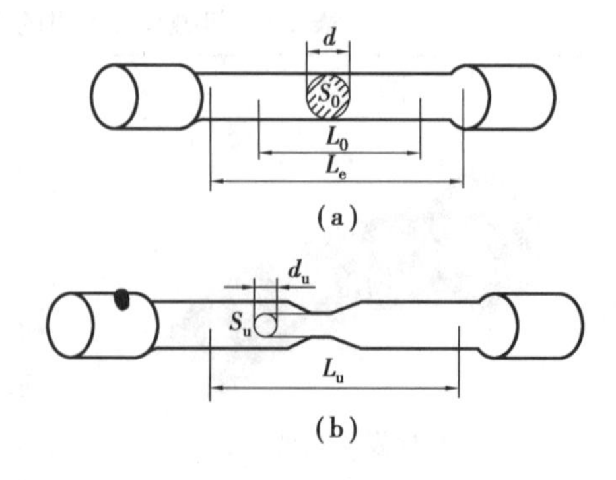

图2-9 圆形拉伸试样

(a)拉伸前；(b)拉断后

其中，d_0 为标准试样的原始直径，L_0 为标准试样的原始标距长度。拉伸试样可分为长试样($L_0 = 10d_0$)和短试样($L_0 = 5d_0$)两种。

(2)拉伸曲线

做拉伸试验时，通过拉伸试验机将载荷和试样伸长量的变化自动记录下来，并绘制成曲线。所绘制的曲线是以载荷为纵坐标，以试样的伸长量为横坐标，能够反应拉伸载荷 F 与伸长量 ΔL 之间的关系曲线，称为拉伸曲线，也称为力-伸长曲线。图 2-10 所示为低碳钢(含碳量<0.25%)试样的力，伸长曲线，图中纵坐标表示力 F(N)，横坐标表示试样伸长量 ΔL。

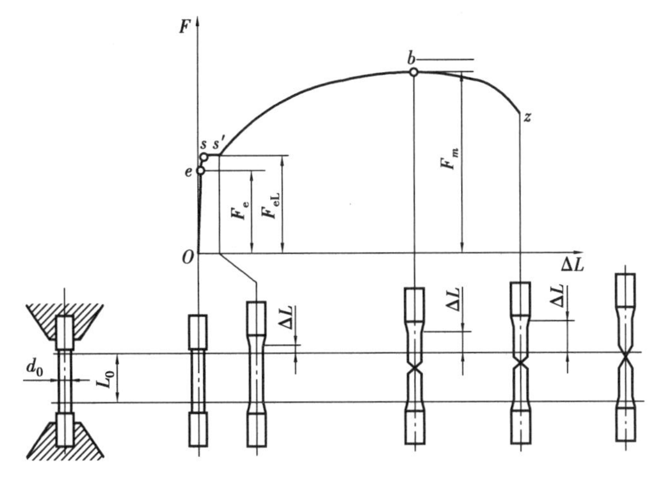

图 2-10　低碳铜试样的力-伸长曲线

• Oe 弹性变形阶段：在此阶段，试样变形完全是弹性的，试样的伸长量与拉伸力成正比，此时如果卸除载荷，试样即恢复原状。F_e 为试样弹性变形时的最大载荷。

• ss' 屈服阶段：当应力超过弹性极限继续增加达到 s 点载荷时，在试样表面上可看到表征金属晶体滑移的迹象。此时，在外力不增加或略有减小的情况下，试样变形继续进行，该现象称为屈服现象，拉伸力 F_s 称为屈服载荷。屈服后，材料开始出现明显的塑性变形。

• $s'b$ 强化阶段：当拉伸力超过屈服载荷 F 后，试样材料因发生明显塑性变形，其内部晶体组织结构重新得到了排列调整，抵抗变形的能力有所增加，伸长变形也随之增加，拉伸曲线形成 $s'b$ 曲线段，称为试样材料的强化阶段。在此阶段随着变形程度的增加，试样变形抗力也随之增加，这种现象称为形变强化(或加工硬化)，F_m 为拉伸试样承受的最大载荷。

• bz 缩颈阶段：当拉伸力达到 F_m 以后，变形主要集中于试样的某一局部区域，在该区域试样的横截面积急剧缩小，这种特征称为缩颈现象。由于缩颈使试样局部截面积减小，导致试验力随之降低，直至试样在缩颈处断裂。z 点为断点。图 2-11 所示为拉伸试样的缩颈现象。

工业上所使用的金属材料在进行拉伸试验时，其载荷与变形量之间的关系并非都与上述情况相同。例如高碳钢等,在拉伸试验时没有屈服现象,所测得的力、伸长曲线如图2-12 所示。

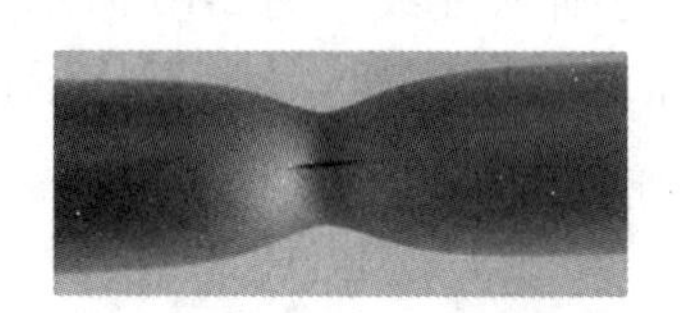

图2-11 拉伸试样的缩颈现象

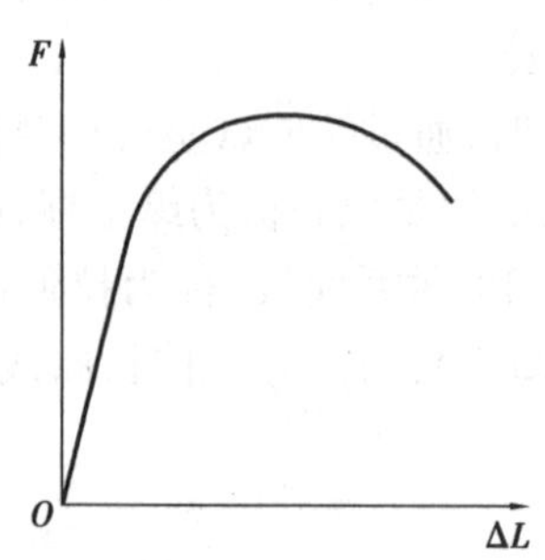

图 2-12 高碳钢试样的力-伸长曲线

有些脆性材料,不仅没有屈服现象,而且也不产生缩颈,如铸铁。图 2-13 所示为铸铁的力-伸长曲线。

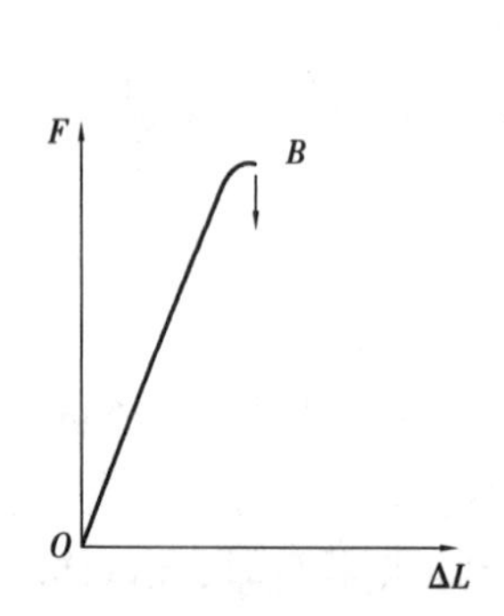

图 2-13 铸铁的力-伸长曲线

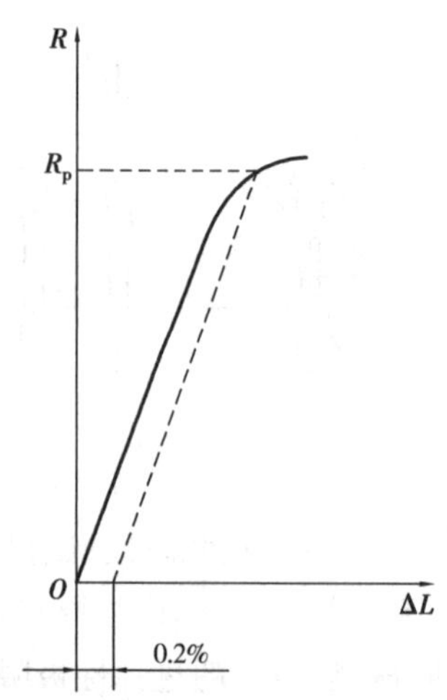

图 2-14 塑性延伸强度-伸长曲线

(3)强度指标

● 屈服强度和条件屈服强度:试样在拉伸试验过程中,当载荷达到 F_s 后不再增加,但试样仍然能够继续伸长时的应力。屈服强度分为上屈服强度 R_{eu} 和下屈服强度 R_{eL},在工程设计和计算中,一般用下屈服强度代表其屈服强度,单位为 MPa。屈服强度的计算公式见式(2-2)。

$$R_{eL} = \frac{F_{eL}}{S_0} \tag{2-2}$$

式中 R_{eL}——屈服强度,单位为 MPa;

F_{eL}——试样屈服时的载荷,单位为 N;

S_0——试样原始横截面积,单位为 mm^2。

除低碳钢、中碳钢及少数合金钢有屈服现象外,大多数金属材料没有明显的屈服现象。因此,这些材料规定用产生 0.2% 残余伸长时的应力作为屈服强度,可以代替 R_{eL},称为条件

屈服强度,计为 $R_{p0.2}$,塑性延伸强度-伸长曲线如图 2-14 所示。其计算公式见式(2-3)。

$$R_{p0.2} = \frac{F_{0.2}}{S_0} \tag{2-3}$$

• 抗拉强度:抗拉强度是指试样在拉断前所承受的最大应力,用符号 R_m 表示,其计算公式见式(2-4)。

$$R_m = \frac{F_m}{S_0} \tag{2-4}$$

式中　R_m——抗拉强度,单位为 MPa;

F_m——试样在拉断前所承受的最大载荷,单位为 N;

S_0——试样原始横截面积,单位为 mm^2。

抗拉强度 R_m 表示材料在静拉力作用下的最大承载能力。零件在工作中所承受的应力不应超过抗拉强度,否则会导致断裂,所以抗拉强度也是机械零件设计和选材的重要依据。

2. 塑性

(1)塑性

塑性是指金属材料在断裂前产生塑性变形的能力。金属材料在静拉伸载荷作用下都会产生变形,包括弹性变形和塑性变形,当载荷达到一定数值时金属材料就会断裂。检查断裂后的结果,发现金属材料都存在不同程度的残余变形,即发生了塑性变形。断裂前塑性变形量大的材料,其塑性好;反之则塑性差。

(2)塑性的衡量指标

塑性通常用断后伸长率和断面收缩率来表示。

• 断后伸长率:试样拉断后,标距的伸长量与原始标距的百分比称为断后伸长率,用符号 A 表示,其计算公式见式(2-5)。

$$A = \frac{L_u - L_0}{L_0} \times 100\% \tag{2-5}$$

式中　A——断后伸长率,单位为%;

L_u——拉断对接后的标距长度,单位为 mm;

L_0——试样原始标距长度,单位为 mm。

同一材料的试样长短不同,测得的断后伸长率也不同。长、短试样的断后伸长率分别用符号 A_{10} 和 A_u 表示,习惯上 A_{10} 也写成 A。

• 断面收缩率:试样拉断后,缩颈处横截面积的缩减量与原始横截面积的百分比称为断面收缩率,用符号 Z 表示,其计算公式见式(2-6)。

$$Z = \frac{S_0 - S_u}{S_0} \times 100\% \tag{2-6}$$

式中　Z——断面收缩率,单位为%;

S_0——试样原始横截面积,单位为 mm^2;

S_u——试样拉断后缩颈处的横截面积,单位为 mm^2。

金属材料的断后伸长率 A 和断面收缩率 Z 的数值越大,表示材料的塑性越好。塑性好的材料易于塑性变形,可以加工成形状复杂的零件。例如,低碳钢的塑性好,可通过锻压加工成形。另外,塑性好的材料在受力过大时首先产生塑性变形而不致突然断裂,因此大多数机械零件除了要求具有足够的强度外,还应具有一定的塑性。

例 2.1 某厂购进一批 45 钢,按国家标准规定,力学性能应符合如下要求:$R_{eL} \geqslant 335$ MPa,$R_m \geqslant 600$ MPa,$A_5 \geqslant 16\%$,$Z \geqslant 40\%$。入厂检验时采用 $d = 10$ mm 短试样进行拉伸试验,测得 $F_{eL} = 28\ 900$ N,$F_m = 47\ 530$ N,$L_u = 60.5$ mm,$d_u = 7.5$ mm。试列式计算其强度和塑性,并确认该钢材是否符合要求。

(1)求 S_0 和 S_u

$$S_0 = \frac{1}{4}\pi d^2 = \frac{1}{4} \times 3.14 \times (10\ \text{mm})^2 = 78.5\ \text{mm}^2$$

$$S_u = \frac{1}{4}\pi d^2 = \frac{1}{4} \times 3.14 \times (7.5\ \text{mm})^2 = 44.16\ \text{mm}^2$$

(2)计算 R_{eL} 和 R_m

$$R_{eL} = \frac{F_{eL}}{S_0} = \frac{28\ 900\ \text{N}}{78.5\ \text{mm}^2} = 368.2\ \text{MPa} > 335\ \text{MPa}$$

$$R_m = \frac{F_m}{S_0} = \frac{47\ 530\ \text{N}}{78.5\ \text{mm}^2} = 605.48\ \text{MPa} > 600\ \text{MPa}$$

(3)计算 A_5 和 Z_0

$$A_5 = \frac{L_u - L_0}{L_0} \times 100\% = \frac{60.5\ \text{mm} - 50\ \text{mm}}{50\ \text{mm}} \times 100\% = 21\% > 16\%$$

$$Z_0 = \frac{S_0 - S_u}{S_0} \times 100\% = \frac{78.5\ \text{mm}^2 - 44.16\ \text{mm}^2}{78.5\ \text{mm}^2} \times 100\% = 43.75\% > 40\%$$

答:试验测得该批钢的屈服强度、抗拉强度、断后伸长率、断面收缩率均大于规定要求,所以这批钢材合格。

三、螺栓强度、塑性测量实验

(一)实验目的

①掌握拉伸试验机的使用。

②掌握拉伸试样强度和塑性的计算方法。

(二)实验内容

测定螺栓强度和塑性。

(三)实验设备

①拉伸试样。

②拉伸试验机。

③游标卡尺。

（四）实验原理及实验步骤

1. 拉伸试验

实际生产中常通过拉伸实验来测定螺栓的强度和塑性。用与制造螺栓相同的材料制成的标准试样进行实验。

试样有圆形和矩形两类，圆形拉伸试样一般又分成长试样（$L_0=10d_0$）和短试样（$L_0=5d_0$）两种。

拉伸实验的步骤：

①装夹。

②加轴向力，使试样缓慢伸长；$F\uparrow$，$\Delta L\uparrow$，试样断裂，标距长度为 L_u。

③观察，记录实验结果，并进行分析。

④实验中，F 越大，材料强度越高；ΔL 越大，材料塑性越好。

2. 强度及塑性的衡量指标计算

衡量强度和塑性的指标是拉伸实验过程中测得拉伸曲线，再由拉伸曲线通过计算获得的。低碳钢（含碳量 < 0.25%）试样的力—伸长曲线如图 2-10 所示。

①屈服强度的计算公式见式（2.2）。

无明显屈服阶段的，规定以塑性应变 0.2% 所对应的应力作为条件屈服极限，见式（2.3）。

②抗拉强度的计算公式见式（2.4）。

③断面伸长率的计算公式见式（2.5）。

④断面收缩率的计算公式见式（2.6）。

（五）实验数据

1. 屈服强度测定

将所测的实验数据填写在表 2-2 中。

表 2-2　测定屈服强度的实验数据

F_{eL}	$d_0\left(S=\frac{1}{4}\pi d^2\right)$

2. 抗拉强度测定

将所测的实验数据填写在表 2-3 中。

表 2-3　测定抗拉强度的实验数据

R_m	$d_0\left(S=\frac{1}{4}\pi d^2\right)$

3. 断面伸长率测定

将所测的实验数据填写在表 2-4 中。

表 2-4 测定断面伸长率的实验数据

L_u	L_0

4. 断面收缩率测定

将所测的实验数据填写在表 2-5 中。

表 2-5 测定断面收缩率的实验数据

S_u	$d_0(S=\frac{1}{4}\pi d^2)$

(六)计算

根据所得相应数据分别计算出螺栓的屈服强度、抗拉强度、断面伸长率、断面收缩率的数值。

【议一议】

活动:分组讨论金属材料 3 种常见损坏形式的预防措施。

变形

断裂

磨损

【做一做】

一、判断题(正确的打√,错误的打×)

1. 机械零件在使用中常见的损坏形式有变形、断裂及磨损等。 ( )
2. 塑性是指金属材料在断裂前产生断裂变形的能力。 ( )
3. 根据作用性质不同可将载荷分为静载荷、冲击载荷和交变载荷 3 种。 ( )
4. 材料在外力作用下抵抗塑性变形或断裂的能力称为强度。 ( )
5. 塑性好的材料不易于塑性变形,可以加工成形状复杂的零件。 ( )

二、简答题

1. 金属塑性材料拉伸变形经历哪几个阶段?每个阶段的具体特征有哪些?
2. 列举 3 种现实生活中发生塑性变形的案例。

【评一评】

试用量化方式(评星)评价本节学习情况,并提出意见与建议。

学生自评:______________________________

____

小组互评:______________________________

____

老师点评:______________________________

____

【拓展阅读】

1. 载荷

金属材料在加工或使用过程中所受的外力称为载荷。根据作用形式不同,可将载荷分为拉伸载荷、压缩载荷、弯曲载荷、剪切载荷、扭转载荷等,如图 2-15 所示。

根据作用性质不同可将载荷分为静载荷、冲击载荷和交变载荷 3 种。

- 静载荷:大小不变或变化缓慢的载荷,如静拉力、静压力等。
- 冲击载荷:在短时间内以较高速度作用于零件上的载荷。
- 交变载荷:大小、方向或大小和方向随时间而发生周期性变化的载荷。

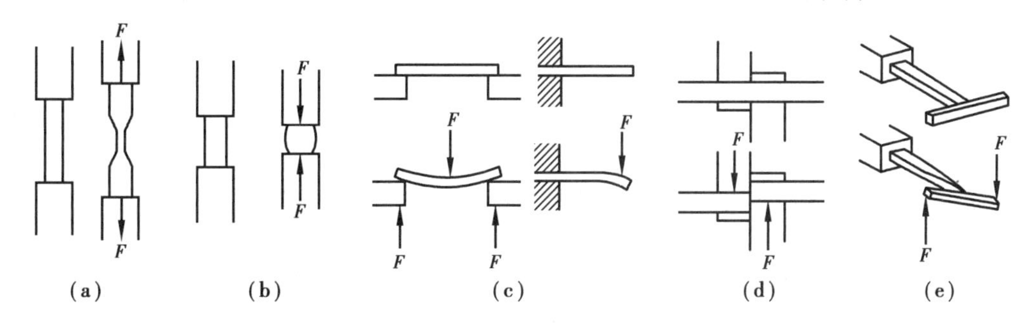

图 2-15　载荷的作用形式

(a)拉伸载荷;(b)压缩载荷;(c)弯曲载荷;(d)剪切载荷;(e)扭转载荷

2. 内力

工件或材料在受到外部载荷作用时,为使其不变形,在材料内部产生的一种与外力相对抗的力,称为内力。这种内力的大小与外力相等,并作用于材料内部(注意:外力和内力有别于作用力与反作用力)。

3. 变形

金属材料在外力作用下所发生的几何形状和尺寸的变化称为变形。按去除载荷后变形能否完全回复,可将变形分为弹性变形和塑性变形两种。

- 弹性变形:随载荷的去除而消失的变形。
- 塑性变形:也称为永久变形,是指不能随载荷的去除而消失的变形。

4. 应力

金属材料受外力作用时，为了保持不变形，材料内部的原子之间因相互作用而产生的与外力相对抗的力称为内力。单位面积上的内力称为应力，用 R 表示，其计算公式见式(2-7)。

$$R = \frac{F}{S} \tag{2-7}$$

式中 R——应力，单位为 MPa($1\ \text{MPa} = 1\text{N/mm}^2$)；

F——外力，单位为 N(外力的大小等于内力)；

S——面积，单位为 mm^2。

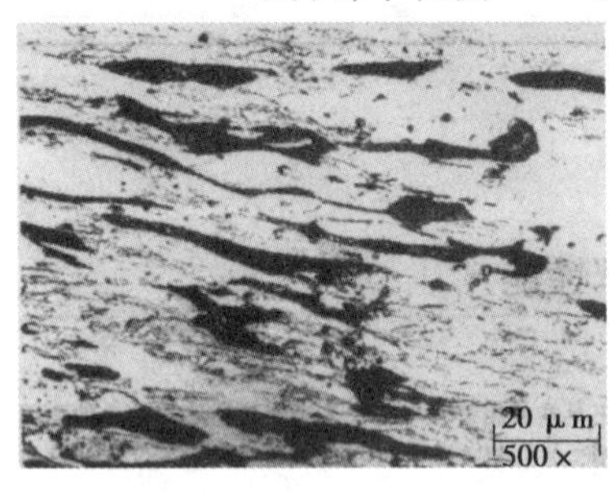

图 2-16 塑性变形后的金属组织

5. 金属材料的冷塑性变形与加工硬化

金属材料的冷塑性变形，在外形变化的同时，晶粒的形状也会发生变化。通常晶粒会沿变形方向压扁或拉长，如图 2-16 所示。冷塑性变形除了使晶粒的外形发生变化外，还会使晶粒内部的位错密度增加，晶格畸变加剧，从而使金属随着变形量的增加，其强度、硬度提高，而塑性、韧性下降，这种现象称为"形变强化"或"加工硬化"。

知识窗

日常生活中的许多金属结构件，都是通过形变强化来提高其性能的。例如汽车、洗衣机、电器箱的外壳等，在通过冲压成形的同时也提高了其强度、安全性和使用寿命(图 2-17)。

形变强化是一种重要的金属强化手段，对那些不能用热处理强化的金属尤为重要。此外，它还可使金属具有偶然抗超载的能力。塑性较好的金属材料在发生变形后，由于形变强化的作用，必须承受更大的外部载荷才会发生破坏，这在一定程度上提高了金属构件在使用中的安全性。如压力容器的罐底总是做成向内凸起的形状，其目的就是当内部压力过大时，可在罐底先产生塑性变形而不致突然破裂。

但另一方面金属发生加工硬化也会给金属的切削加工或进一步变形加工带来困难。为了改善发生加工硬化金属的加工条件，生产中必须进行中间热处理，以消除加工硬化带来的不利影响。如变形量较大的冷拉成形容器，在拉伸过程中要通过多次拉伸、再结晶退火和再拉伸，就是为了避免塑性变形过程中的加工硬化而造成开裂。

图 2-17 洗衣机和冰箱的外壳通过形变强化提高性能

友情提示

塑性变形除了影响力学性能外，还会使金属的物理性能和化学性能发生变化，如电阻增加，化学活性增大，耐蚀性降低等。

【做一做】

一、判断题（正确的打√，错误的打×）

1. 机械零件在使用中常见的损坏形式有变形、断裂及磨损等。（　）
2. 塑性是指金属材料在断裂前产生断裂变形的能力。（　）
3. 根据作用性质不同可将载荷分为静载荷、冲击载荷和交变载荷三种。（　）
4. 材料在外力作用下抵抗塑性变形或断裂的能力称为强度。（　）
5. 塑性好的材料不易塑性变形，可以加工成形状复杂的零件。（　）

二、简答题

1. 金属塑性材料拉伸变形经历哪几个阶段？每个阶段的具体特征有哪些？

2. 列举三种现实生活中发生塑性变形的案例。

【评一评】

试用量化方式（评星）评价本节学习情况，并提出意见与建议。

学生自评：____

____

小组互评：____

____

老师点评：____

____

任务三　测定传动轴的硬度

【情境导入】

如图 2-18 所示，机械制造中车刀与所加工传动轴同样是金属材料，为什么车刀能对传动轴进行加工呢?

图 2-18 传动轴的车削加工

这是因车刀的硬度大。硬度是各种零件和工具必须具备的力学性能,同时硬度也是一项综合力学性能指标。如何测量金属材料的硬度?又有哪些测量方法呢?

【讲一讲】

金属的硬度可以认为是金属材料局部表面在接触压力的任用下抵抗塑性变形的一种能力。硬度值是材料性能的一个重要指标。试验方法简单、迅速,不需要专门的试样,同时保持试样的完整性,设备也比较简单,而且对大多数金属材料,可以硬度值估算出它的抗拉强度。因此在设计图纸的技术条件中大多规定材料的硬度值。检验材料或工艺是否合格有时也需用硬度。所以硬度试验在生产中广泛使用。

硬度测试方法很多,使用最广泛的是压入法。压入法就是一个很硬的压头以一定的压力压入试样的表面,使金属产生压痕,然后根据压痕的大小来确定硬度值。压痕越大,则材料越软;反之,则材料越硬。

常用的硬度测试方法主要有布氏硬度试验法、洛氏硬度试验法和维氏硬度试验法 3 种。硬度是在专用的硬度试验机上通过试验测得。

一、传动轴布氏硬度和洛氏硬度测量

(一)布氏硬度测量

1. 基本原理和表示符号

布氏硬度用符号 HBS 或 HBW 表示。布氏硬度是把规定直径的淬火钢球或硬质合金球以一定的试验力压入所测材料的表面(图 2-19),保持规定时间后,测量表面压痕直径(图 2-20),然后按式(2-8)计算硬度:

$$\text{HBW(或 HBS)} = \frac{P}{F} = \frac{2P}{\pi D(D - \sqrt{D^2 - d^2})} \tag{2-8}$$

式中　HBS——表示用淬火钢球作为压头；

HBW——表示用硬质合金球作为压头；

P——载荷，单位为 kgf(1 kgf = 9.8 N)；

D——压头钢球直径，单位为 mm；

d——压痕平均直径，单位为 mm；

F——压痕面积，单位为 mm^2。

式(2-8)中只有 d 是可变量，故只需要测出压痕直径 d，根据已知 D 和 P 值就可以计算出 HB 值。布氏硬度习惯上不标出单位。生产中已专门制定了平面布氏硬度值计算表见附录 1，用读数显微镜测出压痕直径后，直接查表就可获得 HB 硬度值。

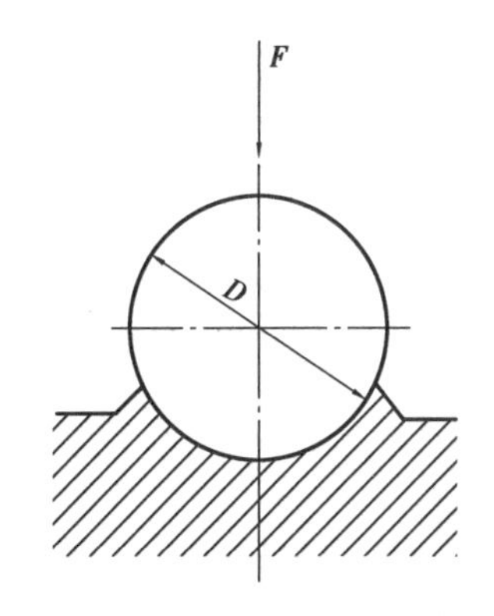

图 2-19　布氏硬度测量示意图

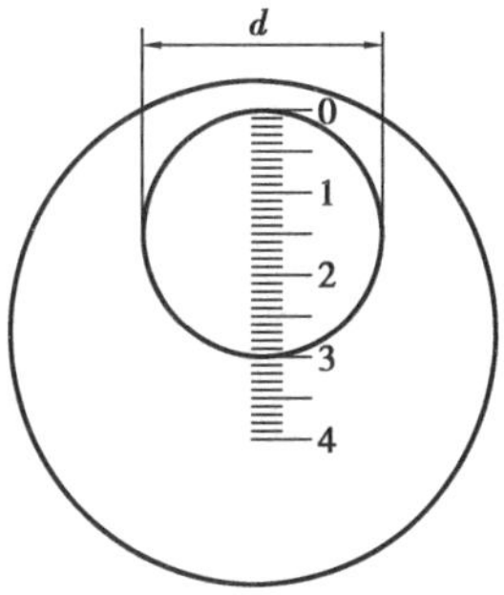

图 2-20　用读数显微镜测量压痕直径

2. 布氏硬度的表示方法

在符号 HBS 或 HBW 前面标硬度值，符号后面按顺序用数字表示试验条件：①球体直径；②试验力；③试验力保持时间（10～15 s 不标注）。例如 170HBS10/1000/30，表示用直径 10 mm 的钢球作为压头，在 9 807 N 的试验力作用下，保持 30 s 时，测得的硬度值为 170。

3. 布氏硬度试验条件的选择

在布氏硬度试验时，压头球体的直径(D)、试验力(F)及试验力保持的时间(T)，根据被测金属材料的种类、硬度值的范围及金属的厚度进行选择。

常用的压头球体直径(D)有 1，2，2.5，5，10 mm 5 种，试验力(F)在 9 807 N～29.42 kN，二者之间的关系见表 2-6。试验力保持时间，一般黑色金属为 10～15 s；有色金属为 30 s；布氏硬度值小于 35 时为 60 s。

表 2-6　布氏硬度试验规范

材　料	布氏硬度	F/D^2
钢及铸铁	<140	10
	≥ 140	30

续表

材　料	布氏硬度	F/D^2
铜及其合金	<35 35～130 >130	5 10 30
轻金属及其合金	<35 35～80 >80	2.5(1.25) 10(5 或 15) 10(15)
铅、锡		1.25(1)

4. 布氏硬度试验机的结构和操作

布氏硬度试验机的外形结构如图 2-21 所示，其操作方法如下：

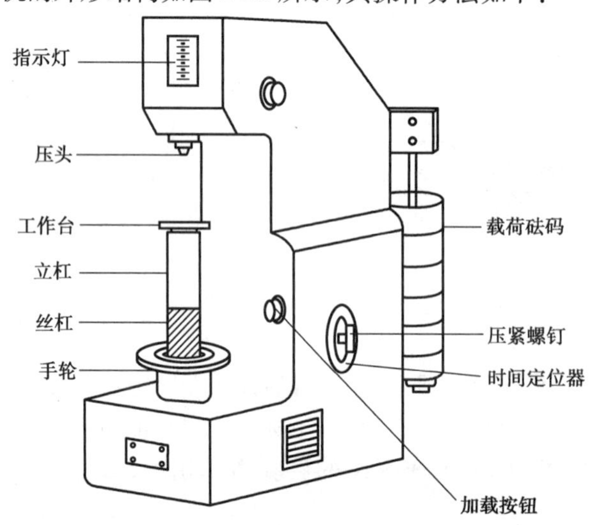

图 2-21　HB-3000 布氏硬度试验机外形结构图

①选用适当的压头、负荷及保荷时间。拧松压紧螺钉，把时间定位器（红色指示点）转到与持续时间相符的位置上。

②将试样放在工作台上，顺时针转动手轮使压头和试样缓慢接触，直到手轮与螺母产生相对打滑为止。

③打开电源开关，绿灯亮。

④按加载按钮，启动电动机，载荷砝码经一系列的杠杆系统传递到压头，即开始加载荷。此时因压紧螺钉已拧松，圆盘并不转动，当红色指示灯亮时，迅速拧紧压紧螺钉。达到所要求的持续时间后，即自动卸荷。从启动按钮形状到红灯亮为加荷阶段；红灯亮到红灯灭为保荷阶段；红灯灭到电动机停止转动为卸荷阶段。

⑤逆时针转动手轮降下工作台，取下试样用读数显微镜测出压痕直径 d 值，以此值查表得 HB 值。

5. 布氏硬度值测定注意事项

①试样表面必须光洁平整，以使压痕边缘清晰，保证精确测量压痕 d。

②操作时动作要稳、缓、轻。

③压痕距试样边缘应大于 D，两压痕间距也应大于 D。

④当选用不同的 P/D^2 时，布氏硬度值之间不能进行直接对比。

⑤用读数显微镜测量压痕直径 d 时，应从互相垂直的两个方向上进行，取其平均值。

6. 布氏硬度测量的优缺点及其应用

优点：压痕面积较大，因而受试样中成分偏析和组织偏析的影响较小，能够较精确地反映试样的硬度，可测量硬度不很高的原材料、毛坯、半成品零件，如铸铁、有色金属、低碳钢等。

缺点：需要经常更换压头与载荷，测量较麻烦，不适宜测定成品件、高硬度和较薄的材料。

（二）洛氏硬度测量

1. 基本原理和表示符号

洛氏硬度实验法是采用顶角为 120°金刚石圆锥体或淬火钢球作为压头，在规定载荷作用下压入被测材料表面后，经规定保持时间后卸除主试验力，以测量压痕深度来计算洛氏硬度值。洛氏硬度用符号 HR 表示，计算公式见式(2-9)。

$$\mathrm{HR} = K - \frac{h}{0.002} \tag{2-9}$$

式中　HR——洛氏硬度代号；

K——常数，当采用金刚石压头时，$K = 100$；用 $\phi 1.588$ mm 淬火钢球压头时，$K = 130°$；

h——压痕深度，规定每 0.002 mm 压痕深度为 1 洛氏硬度单位。

2. 常用洛氏硬度标尺及其使用范围

为了用同一硬度计测量从软到硬不同金属材料的硬度，可采用不同的压头和总载荷，组成不同的洛氏硬度标尺，每一种标尺用一个字母在洛氏硬度符号 HR 后面加以注明。最常用的洛氏硬度标尺有 A、B、C 3 种，其中 C 标尺应用最广。表 2-7 为常用 3 种洛氏硬度试验规范。

表 2-7　常用 3 种洛氏硬度试验规范

序号	压　头	总载荷/kgf(N)	硬度值有效范围	使用范围
HRA	金刚石圆锥 120°	60(588.4)	20～88HRA	适用于测量硬质合金表面淬火或渗碳层
HRB	1.588 mm (1/16″)淬火钢球	100(980.1)	20～100HRB	适用于测量有色金属、退火、正火钢等
HRC	金刚石圆锥 120°	150(1 471.1)	20～70HRC	适用于测量调质钢淬火钢等

3. 洛氏硬度的表示方法

在符号 HR 前面的数字表示硬度值,HR 后面的字母表示洛氏硬度标尺。例如 60HRC 表示用 C 标尺测定的洛氏硬度值为 60。各种不同标尺的洛氏硬度值不能直接进行比较,但可用试验测定的换算表(见附录 2)相互比较。

4. HR-150 洛氏硬度计的结构和操作

洛氏硬度计的结构(图 2-22)操作方法如下:

①根据试样的硬度值范围,按表 2-7 选择适当的压头和载荷。

②将符合要求的试样放置在试样台上,顺时针转动手轮,使试样与压头缓慢接触,直至小指针指向小红点为止。此时即已予加载荷 10 kg,然后调整指示器大指针对正零点。

③轻轻向前推动手柄,施加主载荷,大指针按逆时针方向转动,待转动停止后,再将手柄扳回卸去主载荷,大指针又顺时针方向转动,自动停止后,大指针所指表盘上的数据即为该材料的洛氏硬度值。

④逆时针转动手轮,降下载物台,取出试样。

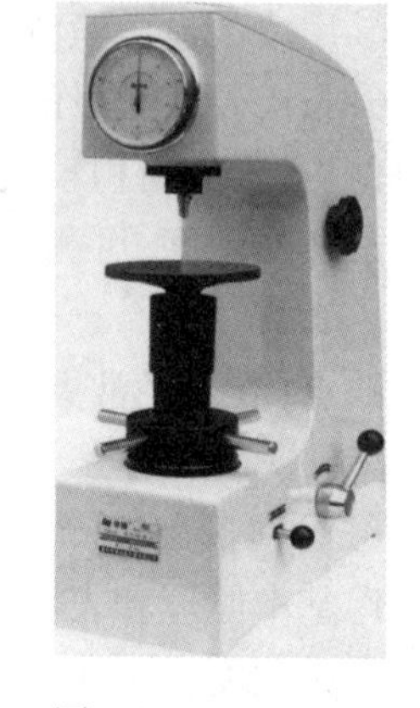

图 2-22 HR-150 型洛氏硬度试验机结构图

5. 洛氏硬度值测定注意事项

①试件两端要平行,不得带有油污,氧化皮和显著加工痕迹等。

②压痕中心距边缘或两压痕间距为:HRA、HRC 测定时不小于2.5 mm,HRB 测定时不小于 4 mm。

③试样厚度不应小于压入深度的 10 倍。

6. 洛氏硬度测量的优缺点及其应用

优点:洛氏硬度的数值可直接从硬度计上读出,不需换算和查表,非常方便。读出来的数值,没有单位,习惯上称“度”。洛氏硬度测试方法简单迅速,可测量最软至最硬的材料。由于压痕小,故可测量成品及较薄零件的硬度。

缺点:但也由于压痕小,对组织和硬度不均匀的材料,测试结果不准确。通常应从试件不同的位置测 3 点,再取其平均值。洛氏硬度的不同硬度标尺之间,洛氏硬度与布氏硬度之间,以及与其他硬度之间,没有理论上的相应关系,不能直接比较。要比较时需查硬度值对照表,即压痕直径与布氏硬度值及相应洛氏硬度值对照表。

(三)实验数据

1. 布氏硬度值测定

将所测的实验数据填写在表 2-8 中。

表 2-8 测定布氏硬度值的实验数据

材料			载荷选定		压痕直径 d /mm	布氏硬度值
名称	厚度 /mm	状态	钢球直径 D /mm	载荷大小 P /kg		

2. 洛氏硬度值测定

将所测的实验数据填写在表 2-9 中。

表 2-9　测定洛氏硬度值的实验数据

材　料			压头与载荷	洛氏硬度值
名　称	厚度/mm	状　态		

二、维氏硬度测量

1. 基本原理和表示符号

如图 2-23 所示，维氏硬度测试原理与布氏硬度测试原理相同，将相对面夹角为 136°的金刚石正四棱锥体压头，以选定的试验力压入试样表面，经规定的保持时间后卸除试验力，然后测量压痕对角线的平均长度，计算出硬度值。维氏硬度是用正四棱锥体压痕单位面积上承受的平均压力表示硬度值，用符号 HV 表示，其计算公式见式(2-10)。

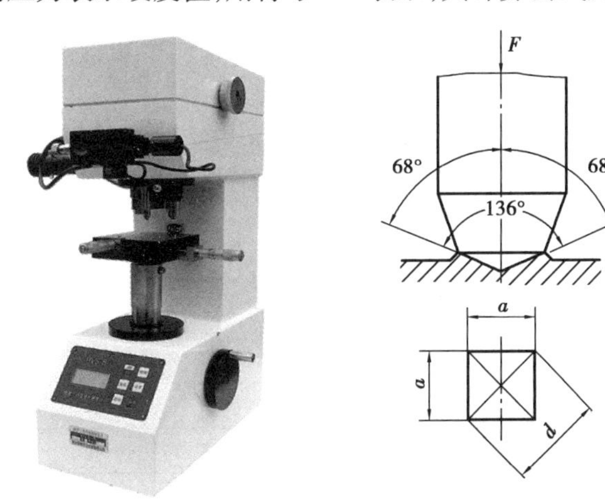

图 2-23　维氏硬度试验机

$$HV = 0.1891\frac{F}{d^2} \tag{2-10}$$

式中　F——试验力，单位为 N；

D——压痕两条对角线长度的算术平均值，单位为 mm。

2. 表示方法

维氏硬度的表示方法与布氏硬度相同，例如 640HV30 表示 294.2 N 试验力，保持10 ~ 15 s，测得的维氏硬度值为 640。

3. 维氏硬度测量的优缺点及适用范围

优点：实验时所加载荷小，压入深度浅，故适用于测量较薄的材料，也可测量零件经化学热处理后表面层（如渗碳层）的硬度；同时维氏硬度是一个连续一致的标尺，实验时可任意选择载荷，而不影响其硬度值的大小，因此可测量较薄的、从软到极硬的各种金属材料的硬度值,并可直接比较它们的硬度值大小。

缺点:硬度值的测定较麻烦,并且压痕小,所以对试样的表面质量要求较高。

【议一议】

活动:分组讨论布氏硬度、洛氏硬度、维氏硬度的区别。

【做一做】

一、判断题(正确的打√,错误的打×)

1. 常用的硬度测试方法是压入法。 (　　)

2. 120HBS10/1000/30:表示用 10 mm 的钢球作压头,在 1 000 kgf(9 807 N)的试验力作用下,保持时间为 30 s 后所测得的硬度值为 120。 (　　)

3. 硬度是在专用的硬度试验机上通过试验测得的数据。 (　　)

二、简答题

对比分析布氏硬度、洛氏硬度、维氏硬度的优缺点。

【评一评】

试用量化方式(评星)评价本节学习情况,并提出意见与建议。

学生自评:____

____

小组互评:____

____

老师点评:____

____

任务四　测定锻模件的冲击韧性

【情境导入】

请讨论:为什么内燃机的曲柄连杆机构(图 2-24)在使用过程中受到较大冲击载荷作用却不断裂?

零件在其使用过程中,因受冲击载荷其性能指标不能单纯用强度、塑性、硬度来衡量,而必须考虑材料抵抗冲击载荷的能力,即韧性的大小。材料韧性的好坏是用冲击韧度来衡量的。材料的冲击韧性是如何测定的呢?

图 2-24　曲柄连杆机构

【讲一讲】

金属材料抵抗冲击载荷作用而不破坏的能力称为冲击韧度,用 a_k 来表示。a_k 值的大小表示材料的韧性好坏。一般把 a_k 值低的材料称为脆性材料,a_k 值高的材料称为韧性材料。

测定低碳钢和铸铁两种材料的冲击韧度,观察破坏情况,并进行比较。

一、测量设备的原理

1. 试验设备

①游标卡尺。

②冲击试验机(图 2-25)。

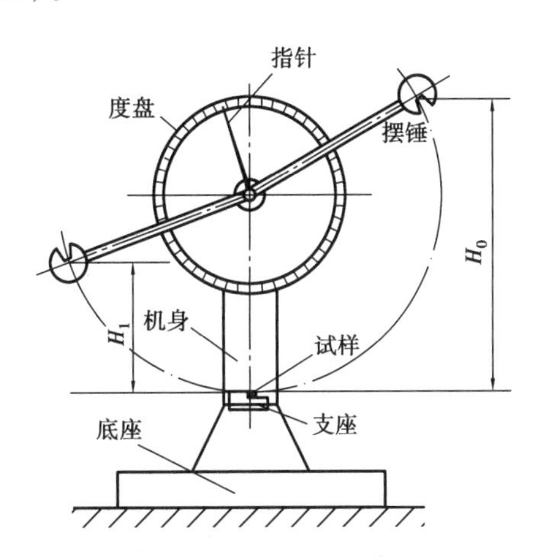

图 2-25　冲击试验机结构图

③试样的制备:若冲击试样的类型和尺寸不同,则得出的实验结果不能直接比较和换算。本次试验采用 U 形缺口冲击试样。其尺寸及偏差应根据 GB/T 229—2007 规定,如图 2-26 所示。加工缺口试样时,应严格控制其形状、尺寸精度以及表面粗糙度。试样缺口底部应光滑、无与缺口轴线平行的明显划痕。

2. 试验原理

冲击试验利用的是能量守恒原理,即冲击试样消耗的能量是摆锤试验前后的势能差。试验时,把试样放在图 2-27 的 B 处,将摆锤举至高度为 H 的 A 处自由落下,冲断试样即可。

摆锤在 A 处所具有的势能为:

$$E = GH = GL(1 - \cos \alpha)$$

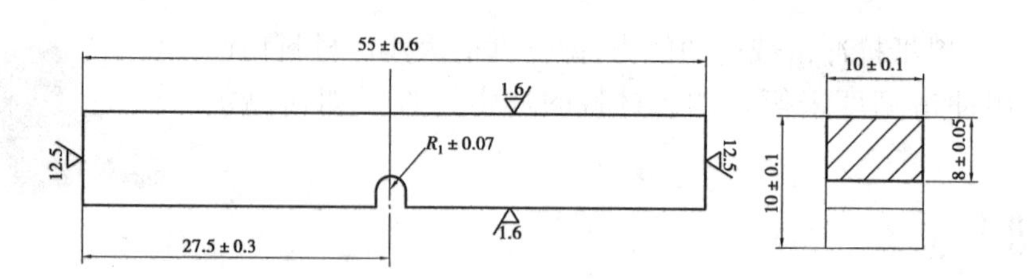

图 2-26　冲击试样

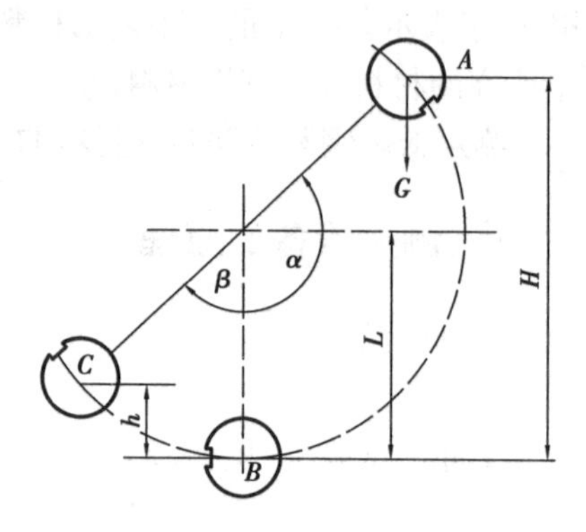

图 2-27　冲击试验原理图

冲断试样后，摆锤在 C 处所具有的势能为：

$$E_1 = Gh = GL(1 - \cos \beta)$$

势能之差 $E - E_1$，即为冲断试样所消耗的冲击功 A_k：

$$A_k = E - E_1 = GL(\cos \beta - \cos \alpha)$$

式中　G——摆锤重力，单位为 N；

L——摆长（摆轴到摆锤重心的距离），单位为 mm；

α——冲断试样前摆锤扬起的最大角度；

β——冲断试样后摆锤扬起的最大角度。

二、试验过程

1. 试验步骤

①测量试样的几何尺寸及缺口处的横截面尺寸。

②根据估计材料冲击韧性来选择试验机的摆锤和表盘。

③安装试样，如图 2-28 所示。

④进行试验。将摆锤举到高度为 H 处并锁住，然后释放摆锤，冲断试样后，待摆锤扬至最大高度，再回落时，立即刹车，使摆锤停住。

⑤记录表盘上所示的冲击功 A_{ku} 值。取下试样，观察断口。试验完毕，将试验机复原。

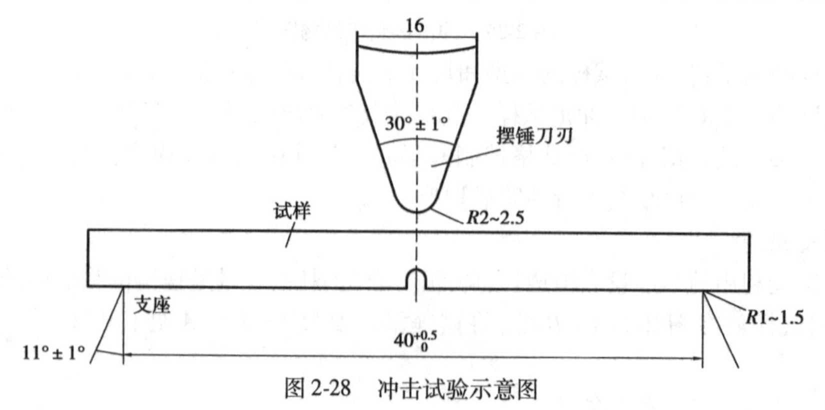

图 2-28　冲击试验示意图

友情提示

冲击试验要特别注意人身安全。

2. 试验结果处理

①计算冲击韧性值 a_k，见式(2-11)：

$$a_k = \frac{A_k}{S_0} \tag{2-11}$$

式中　a_k——冲击韧度，单位为 J/cm^2，a_k 值越大，材料的冲击韧性越好；

A_k——冲击吸收功，单位为 J；

S_0——试样缺口处的原始横截面积，单位为 cm^2。

冲击韧性值 a_k 是反映材料抵抗冲击载荷的综合性能指标，它随着试样的绝对尺寸、缺口形状、试验温度等的变化而不同。

②比较分析两种材料的抵抗冲击时所吸收的功。观察破坏断口形貌特征。

【议一议】

活动：分组讨论金属材料冲击韧性 a_k 的影响因素有哪些？

【做一做】

一、判断题(正确的打√，错误的打×)

1. 冲击韧度高的材料，小能量多冲击抗力一定高。（　　）
2. 冲击韧性能反映出原始材料的冶金质量和热加工产品的质量。（　　）
3. 冲击抗力主要取决于材料的强度和塑性，即强度越高、塑性越差，其冲击抗力越大。（　　）
4. 金属材料抵抗冲击载荷作用而不被破坏的能力称为冲击韧度。（　　）
5. 冲击试验是利用能量守恒原理，即冲断试样所做的功等于摆锤冲击试样前后的势能差。（　　）

二、简答题

冲击试样为什么要开缺口？

【评一评】

试用量化方式(评星)评价本节学习情况,并提出意见与建议。

学生自评:______________________________

____

小组互评:______________________________

____

老师点评:______________________________

____

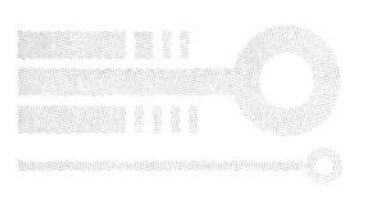

项目三 金属材料的牌号

任务一　识读碳素钢的牌号

【情境导入】

请讨论:如图 3-1 所示的 3 种零件有什么样的性能特点?用的什么材料?每一种材料应如何表示?

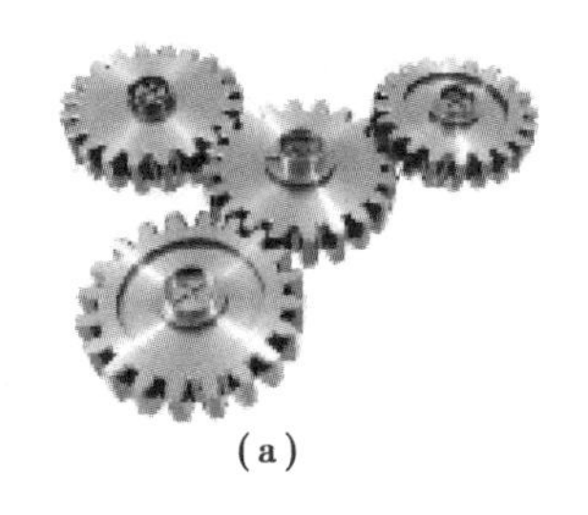
(a)

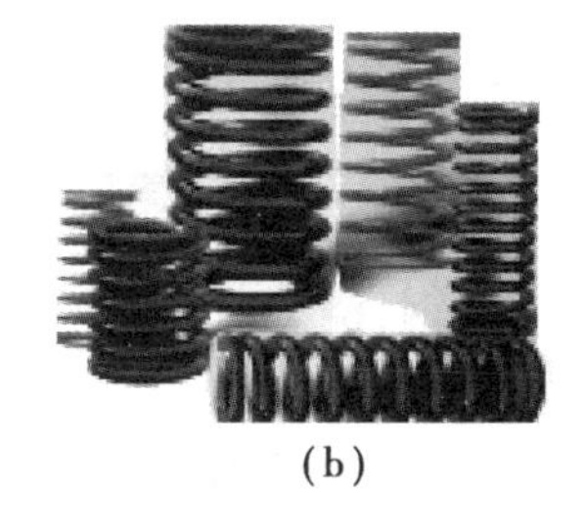
(b)

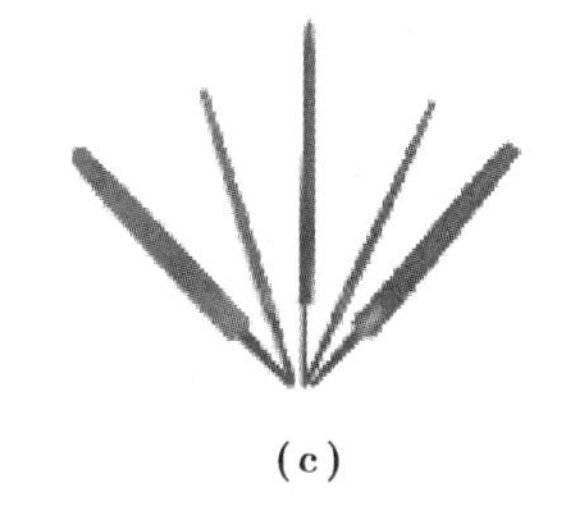
(c)

图 3-1　零件
(a)齿轮;(b)弹簧;(c)锉刀

【讲一讲】

一、碳素钢的定义

碳素钢(简称碳钢)是指含碳量小于2.11%的铁碳合金。碳钢的主要成分是铁和碳,除此外还含有少量的硅、锰、硫、磷等杂质元素,其中硅和锰在钢中属于有益元素,能提高钢的强度,硫和磷属于有害元素,分别使钢产生热脆性和冷脆性。

二、碳素钢的分类

碳素钢的分类方法有很多,主要有如下几种分类方法。

1. 按钢的含碳量分类

- 低碳钢:$W_C \leqslant 0.25\%$。
- 中碳钢:$0.25\% < W_C < 0.60\%$。
- 高碳钢:$W_C \leqslant 0.60\%$。

2. 按钢的质量分类

根据钢中有害元素硫、磷含量不同可分为:

- 普通钢:$W_S \leqslant 0.050\%$,$W_p \leqslant 0.045\%$。
- 优质钢:$W_S \leqslant 0.035\%$,$W_p \leqslant 0.035\%$。
- 高级优质钢:$W_S \leqslant 0.030\%$,$W_p \leqslant 0.030\%$。
- 特级优质钢:$W_S \leqslant 0.020\%$,$W_p \leqslant 0.025\%$。

3. 按钢的用途分类

- 碳素结构钢:用于制造各种机械零件和工程构件,多为低碳钢和中碳钢($W_C \leqslant 0.70\%$)。
- 碳素工具钢:用于制造各种刀具、模具和量具等,多为高碳钢且为优质钢或高级优质钢($W_C > 0.70\%$)。
- 铸造碳钢:用于制造形状复杂、力学性能要求较高的机械零件($W_C = 0.2\% \sim 0.6\%$)。

4. 按冶炼时脱氧程度的不同分类

- 沸腾钢:为脱氧程度不完全的钢,浇注时产生沸腾现象。其特点是材料利用率高、成本低、组织不致密、力学性能较低。
- 镇静钢:为脱氧程度完全的钢,浇注时钢液镇静,没有沸腾现象。其特点是组织致密、力学性能较高、质量均匀,但成本较高、材料利用率低。
- 半镇静钢:脱氧程度介于沸腾钢和镇静钢之间的钢,其生产过程较难控制,故使用量不大。
- 特殊镇静钢:采用特殊脱氧工艺冶炼的脱氧完全的钢,其脱氧程度、质量及性能比镇静钢高。

三、碳素钢的牌号、性能及用途

1. 碳素结构钢

(1)成分、性能特点及应用

图 3-2　碳素结构钢

碳素结构钢碳(图 3-2)的质量分数为 0.12% ~0.24%,其有害元素和非金属夹杂物较多,按质量等级分为 A、B、C 和 D 4 级。这类钢的强度和硬度不高,但冶炼容易,价格便宜,产量大,且具有良好的塑性和焊接性,在性能上能满足一般工程结构件及普通零件的要求,因而应用普遍。碳素结构钢通常以热轧空冷状态供应,制成钢板和各种型材(圆钢、方钢、扁钢、角钢、槽钢、工字钢、钢筋等),适用于一般工程结构、桥梁、船舶和厂房等建筑结构或一些受力不大的机械零件(如螺钉、螺母、铆钉等)。优质碳素结构钢的牌号、化学成分和力学性能见表 3-1。

(2)牌号表示

碳素结构钢的牌号由代表屈服强度的汉语拼音首位字母“Q”、屈服强度数值、质量等级符号和脱氧方法符号 4 个部分按顺序组成。质量等级按硫、磷含量的多少分为 A、B、C、D 4 级,其中 A 级的硫、磷含量最高,D 级的硫、磷含量最低。脱氧方法符号用 F、b、Z、TZ 表示,F 是沸腾钢,b 是半镇静钢,Z 是镇静钢,TZ 是特殊镇静钢。Z 与 TZ 这两个符号在牌号组成表示方法中予以省略。

(3)牌号识读

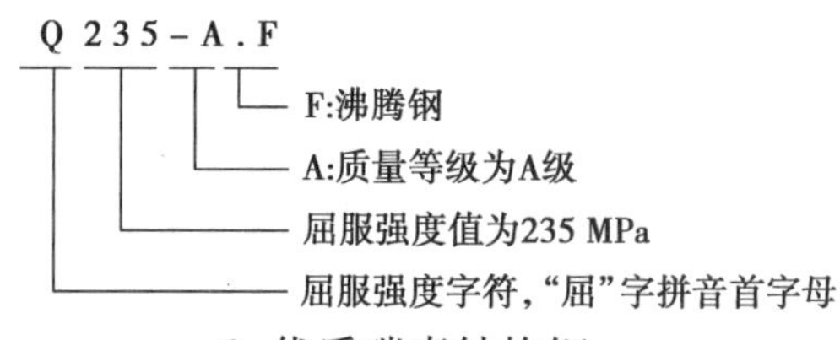

2. 优质碳素结构钢

(1)成分、性能特点及应用

图 3-3　优质碳素结构钢

优质碳素结构钢(图 3-3)的化学成分和力学性能均有较严格的控制,其硫、磷的质量分数均小于 0.035%,有害元素含量少。根据钢中含锰量的不同,分为普通含锰量钢(W_{Mn} = 0.25% ~0.80%)和较高含锰量钢(W_{Mn} =0.7% ~1.2%)。这类钢是一种应用极为广泛的机械制造用钢,经热处理后具有良好的综合力学性能,常用来制造各种重要的机械零件,如轴类、齿轮、弹簧等零件。优质碳素结构钢的牌号、化学成分和力学性能见表 3-2。

(2)牌号表示

优质碳素结构钢的牌号用“两位数字”或“两位数字 + 锰”表示,其中两位数字表示钢中平均碳量的万分之几,如果后面加锰表示该钢中锰的含量较高。

(3)牌号识读

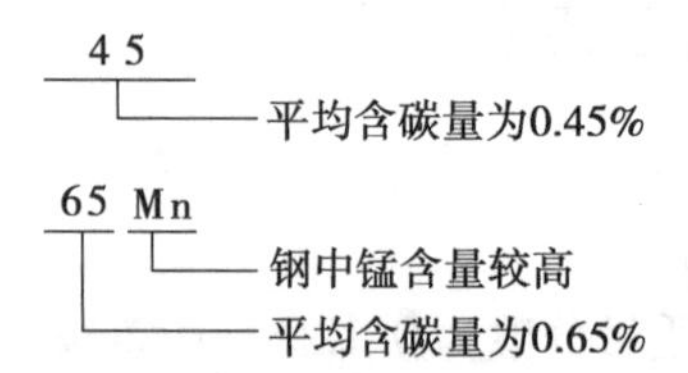

优质碳素结构钢一般为镇静钢,但某些含碳量较低的钢也有沸腾钢,若为沸腾钢则在牌号后面加符号 F(或“沸”),如 10F(10 沸)表示平均碳的质量分数为 0.10% 的优质碳素结构钢,为沸腾钢。用于各种专门用途的某些专用钢则在牌号后面标出规定的符号,如 20G 表示平均碳的质量分数为 0.20% 的优质碳素结构钢,为锅炉用钢。

3. 碳素工具钢(GB/T 1298—2008)

(1)成分、性能特点及应用

碳素工具钢(图 3.4)用于制造刀具、模具和量具等,要求具有较高的硬度、耐磨性和一定的韧性,故碳素工具钢碳的质量分数为 0.65% ~1.35%,而且都是优质钢或高级优质钢。此类钢的含碳量可保证钢在淬火后具有足够的硬度,虽然这类钢淬火后的硬度相近,但随着含碳量的增加,未溶渗碳体增多,使钢的耐磨性提高,而韧性下降,故不同牌号的这类钢其用途也不同。高级优质碳素工具钢淬裂倾向小,适宜制作形状复杂的刀具。各类碳素工具钢的应用见表 3-3。

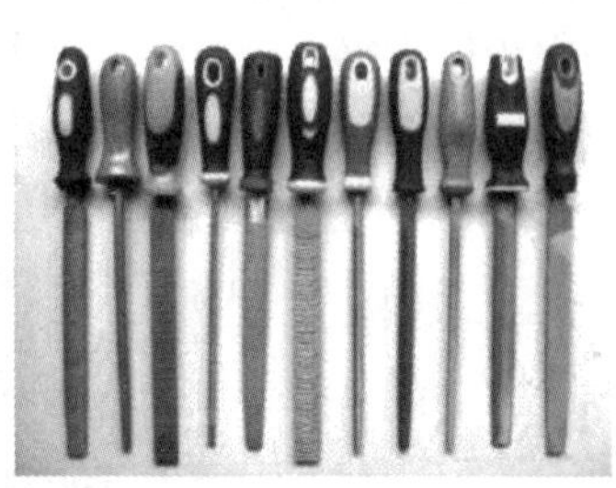

图 3-4 碳素工具钢

(2)牌号的表示

碳素工具钢的牌号是用“T(碳)+数字”或“T(碳)+数字+A”表示,其数字表示钢中平均碳量的千分之几,字母 A 表示质量为高级优质,无 A 表示质量为优质。

(3)牌号识读

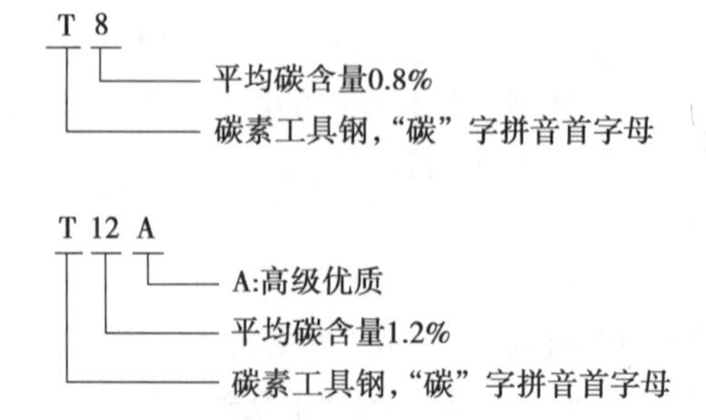

4. 铸造碳钢(GB/T 11352—2009)

(1)成分、性能特点及应用

图 3-5　铸钢件

铸造碳钢(图 3-5)是将钢液直接浇注成零件毛坯的碳钢,其碳的质量分数一般为0.20% ~0.60%,如果含碳量过高,则塑性变差,铸造时易产生裂纹。铸造碳钢具有良好的力学性能和较好的焊接性能,但其铸造性能并不理想,铸钢件偏析严重,内应力大。因此,铸钢件应在铸造工艺上采取适当措施,并需要通过热处理来改善其组织和性能。各类铸造碳钢的应用见表3-4。

(2)牌号的表示

铸造碳钢的牌号是用“铸钢”两字的汉语拼音首个字母“ZG”后面加两组数字组成,第一组数字代表屈服强度值,第二组数字代表抗拉强度值。

(3)牌号识读

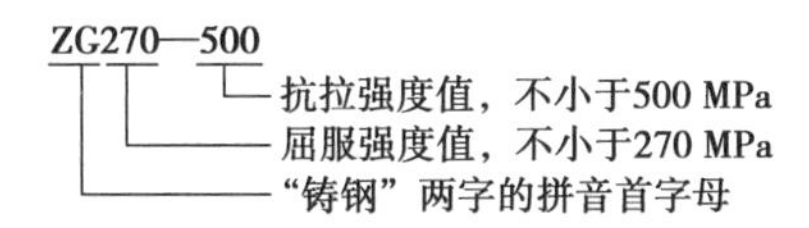

【议一议】

活动一:分组讨论碳素钢按含碳量不同可以分为哪几类?并举实例说明。

活动二:分组讨论对比各种碳素钢的性能特点及牌号。

【做一做】

1. 低碳钢、中碳钢和高碳钢是怎样划分的?

2. 说明下列牌号属于哪类钢,并说明其符号及数字的含义,然后各举一实例,说明它们的主要用途。

Q235A、20、65Mn、T8、T12A、45、08F

【评一评】

试用量化方式(评星)评价本节学习情况,并提出意见与建议。

学生自评:____

____

小组互评:____

____

老师点评:____

____

【拓展阅读】

一、杂质元素对碳素钢性能的影响

碳素钢中除了铁和碳两种元素外，还含有少量的硅、锰、硫、磷、氧、氮、氢等杂质元素。这些元素有的是从炉料中带来的，有的是在冶炼过程中不可避免地带入的，它们的存在必然会对碳素钢的性能和质量产生一定的影响。

1. 硅(Si)

硅是钢中的有益元素，它来源于炼钢时使用的生铁和硅铁脱氧剂。炼钢后期以硅铁作脱氧剂进行脱氧反应时，硅元素不可避免地残留在钢中。硅的脱氧作用比锰要强，可有效地清除FeO，改善钢的质量。大部分硅能溶于铁素体中，形成含硅铁素体并使之强化，从而提高钢的强度、硬度和弹性，但降低钢的塑性和韧性；少量的硅以硅酸盐夹杂物的形式存在于钢中，仅作为少量杂质元素，对钢的性能影响并不显著。总的来说，硅可以提高钢的强度、硬度和弹性，是钢中的有益元素。由于硅的含量低，故其强化作用不大。钢中硅的质量分数通常不大于0.5%，在碳素镇静钢中硅的质量分数一般控制为0.17%～0.37%。

2. 锰(Mn)

锰是钢中的有益元素，它是炼钢时由生铁和生铁脱氧剂带入而残留在钢中的杂质元素。锰具有较好的脱氧能力，能清除钢中的FeO，把FeO还原成铁，降低钢的脆性，改善钢的质量。锰能与硫形成高熔点的MnS，从而减轻硫对钢的危害，改善钢的热加工性能。锰与FeO、硫的反应产物大部分进入炉渣被除去，而小部分残留在钢中形成非金属夹杂物。锰大部分溶于铁素体中，形成置换固溶体，使铁素体强化，其余部分的锰溶于Fe_3C中形成合金渗碳体。锰能使钢中珠光体的相对量增加并使之细化，从而使钢的强度和硬度提高。因此，一般认为锰适量时是一种有益元素。钢中锰的质量分数一般为0.25%～0.80%。

3. 硫(S)

硫是钢中的有害元素，它是在炼钢时由生铁和燃料带入钢中的杂质元素。在固态下，硫在铁中的溶解度极小，主要以化合物FeS的形式存在于钢中。FeS能与铁形成低熔点共晶体(Fe + FeS)，其熔点约为985 ℃，并分布在奥氏体晶界上。当钢材加热到1 000～1 200 ℃进行轧制或锻造等热加工时，晶界上的Fe + FeS共晶体已经熔化，晶粒间的结合被破坏，导致钢材在加工过程中沿晶界开裂，这种现象称为热脆性。硫不仅使钢产生热脆性，而且还会降低钢的强度和韧性。适当增加钢中铬的含量，可减轻硫的有害作用，因为硫和锰的亲和力较硫和铁的亲和力强，锰能从FeS中夺走硫而形成高熔点的MnS(熔点1 620 ℃)。MnS呈粒状分布在奥氏体晶粒内，它在高温下不熔化且具有一定塑性，故在轧制钢材时能有效地避免钢的热脆性。因此，钢中锰、硫含量常有定比。MnS是非金属夹杂物，在轧制时会形成热加工纤维，使钢的性能具有方向性，但在易切削钢中可适当提高硫的含量，其目的在于提高钢材的切削加工性能。此外，硫对钢的焊接性能有不良的影响，容易导致焊缝产生热裂、气孔和疏松。因此，通常情况下硫是有害杂质元素，应严格控制

其含量,一般硫的质量分数不超过0.05%。

4. 磷(P)

磷是由生铁带入的有害元素。磷能溶解于铁素体中形成固溶体,使铁素体强化,从而使钢的强度、硬度有所提高。但是,在结晶时磷也可形成脆性很大的化合物(Fe_3P),使钢在室温下(一般为100 ℃以下)的塑性和韧性急剧下降,这种脆化现象在低温时更为严重,称为冷脆性。磷在结晶时还容易偏析,从而在局部地方发生冷脆。通常希望脆性转变温度低于工件的工作温度,以免发生脆化。一般钢中磷的质量分数达到0.10%时,冷脆性就很严重了。因此,磷是一种有害杂质元素,应严格控制它的含量,一般钢中磷的质量分数小于0.04%。

钢中的硫和磷是有害元素,应严格控制它们的含量。但是,在易切削钢中,常适当地提高硫、磷的含量,以增加钢的脆性,有利于在切削时形成断裂切屑,改善钢的切削加工性能,从而提高切削效率和延长刀具寿命。这种易切削钢主要用于在自动机床上加工生产量大、受力不大的零件。此外,钢中加入适量的磷还可以提高钢材的耐大气腐蚀性。

5. 非金属夹杂物

在炼钢过程中,少量炉渣、耐火材料及冶炼中的反应物可能进入钢液中,从而在钢中形成非金属夹杂物,如氧化物、硫化物、硅酸盐、氮化物等。它们都会降低钢的力学性能,特别是降低塑性、韧性及疲劳强度,严重时还会使钢在热加工与热处理时产生裂纹,或使用时造成钢的突然脆断。非金属夹杂物也促使钢形成热加工纤维组织与带状组织,使钢材具有各向异性,严重时横向塑性仅为纵向的一半,并使钢的冲击韧度大为降低。因此,对重要用途的钢,如弹簧钢、滚动轴承钢、渗碳钢等,需要检查非金属夹杂物的数量、形状、大小与分布情况,并按相应的等级标准进行评定。

6. 氮、氧、氢

氮、氧、氢等气体存在于钢中,对钢的性能会造成严重危害。氮存在于钢中,会导致钢硬度和强度的提高而塑性和韧性降低,使钢产生时效而变脆。为了防止氮在钢中的有害影响,在炼钢时常采用铝和铁脱氮,生成 AlN 和 TiN,从而减轻钢的时效倾向(即固氮处理),消除氮的脆化效应。

氧存在于钢中,会使钢的强度和塑性降低,特别是氧化物(Fe_3O_4、FeO、MnO、SiO_2 和 Al_2O_3)等夹杂存在于钢中,加剧了钢的热脆现象,降低了钢的疲劳强度。因此,氧是有害杂质元素。

微量的氢在钢中会使钢的塑性剧烈下降,出现氢脆,造成局部显微裂纹(在显微镜下可观察到白色圆痕),称为白点,白点是使钢产生突然断裂的根源。减少钢中含氢量的最有效方法是在炼钢时对钢进行真空处理。

总之,钢中的气体元素一般都是有害的,对钢的性能和质量影响很大,因此,必须严格控制其含量。

二、碳素钢的常用牌号、化学成分、力学性能及应用

表 3-1 碳素结构钢的牌号、化学成分、力学性能及应用

牌号	等级	化学成分(质量分数/%)					脱氧方法	力学性能			应用
		C	Mn	Si	S	P		R_{el}/MPa	R_m/MPa	A/%	
		不大于						不小于			
Q195		0.12	0.50	0.30	0.04	0.035	F、Z	195	315~430	33	制作开口销、铆钉、垫片及载荷较小的冲压件
Q215	A	0.15	1.20	0.35	0.050	0.045	F、Z	215	335~450	31	
	B				0.045						
Q235	A	0.22	1.40	0.35	0.050	0.045	F、Z	235	370~500	26	用于制作后桥壳盖、内燃机支架、制动器底板、发动机
	B	0.20			0.045						
	C	0.17			0.040	0.040	Z				
	D				0.035	0.035	TZ				
Q275	A	0.24	1.50	0.35	0.050	0.045	F、Z	275	410~540	22	用于制作拉杆、心轴、转轴、小齿轮、销、键等
	B	0.21			0.045		Z				
	C	0.22			0.040	0.040	Z				
	D	0.20			0.035	0.035	TZ				

表 3-2 优质碳素结构钢的牌号、化学成分和力学性能

牌号	化学成分(质量分数/%)			力学性能						
	C	Si	Mn	R_{el}/MPa	R_m/MPa	A/%	Z/%	α/(J·cm^{-2})	HBW	
				不小于					不大于	
08F	0.05~0.11	≤0.03	0.25~0.50	175	295	35	60	—	131	—
08	0.05~0.12	0.17~0.37	0.35~0.65	195	325	33	60	—	131	—
10F	0.07~0.14	≤0.07	0.25~0.50	185	315	33	55	—	137	—
10	0.07~0.14	0.17~0.37	0.35~0.65	205	335	31	55	—	137	—
15F	0.12~0.19	0.17~0.37	0.35~0.65	205	355	29	55	—	143	—
15	0.12~0.19	≤0.07	0.25~0.50	225	375	27	55	—	143	—
20	0.17~0.24	0.17~0.37	0.35~0.65	245	410	25	55	—	156	—

续表

牌号	化学成分(质量分数/%)			力学性能						
	C	Si	Mn	R_{el} /MPa	R_m /MPa	A /%	Z /%	α /(J·cm^{-2})	HBW	
				不小于					不大于	
25	0.22～0.30	0.17～0.37	0.35～0.65	275	450	23	50	88.3	170	—
30	0.27～0.35	0.17～0.37	0.50～0.80	295	490	21	50	78.5	179	—
35	0.32～0.40	0.17～0.37	0.50～0.80	315	530	20	45	68.7	187	—
40	0.37～0.45	0.17～0.37	0.50～0.80	335	570	19	45	58.8	217	187
45	0.42～0.50	0.17～0.37	0.50～0.80	355	600	16	40	49.0	241	197
50	0.47～0.55	0.17～0.37	0.50～0.85	375	630	14	40	39.2	241	207
55	0.52～0.60	0.17～0.37	0.50～0.80	380	546	13	35	—	255	217
60	0.57～0.65	0.17～0.37	0.50～0.80	400	675	12	35	—	255	229
65	0.62～0.70	0.17～0.37	0.50～0.80	410	695	10	30	—	255	229
70	0.67～0.75	0.17～0.37	0.50～0.80	420	715	9	30	—	269	241
75	0.72～0.80	0.17～0.37	0.50～0.80	880	1 080	7	30	—	285	241
80	0.77～0.85	0.17～0.37	0.50～0.80	930	1 080	6	30	—	285	255
85	0.82～0.90	0.17～0.37	0.50～0.80	980	1 130	6	30	—	302	—
15Mn	0.12～0.19	0.17～0.37	0.70～1.0	245	410	26	55	—	163	—
20Mn	0.17～0.24	0.17～0.37	0.70～1.0	275	450	24	50	—	197	—
25Mn	0.22～0.30	0.17～0.37	0.70～1.0	295	490	22	50	88.3	207	—
30Mn	0.27～0.35	0.17～0.37	0.70～1.0	315	540	20	40	78.5	217	187
35Mn	0.32～0.40	0.17～0.37	0.70～1.0	335	560	19	45	68.7	229	197
40Mn	0.37～0.45	0.17～0.37	0.70～1.0	355	590	17	45	58.8	229	207
45Mn	0.42～0.50	0.17～0.37	0.70～1.0	375	620	15	40	49.0	241	217
50Mn	0.47～0.56	0.17～0.37	0.70～1.0	390	645	13	40	39.2	255	217
60Mn	0.57～0.65	0.17～0.37	0.70～1.0	410	695	11	35	—	269	229
65Mn	0.62～0.70	0.17～0.37	0.90～1.2	430	735	9	30	—	285	229
70Mn	0.67～0.75	0.17～0.37	0.90～1.2	450	785	8	30	—	285	229

表 3-3 碳素工具钢的牌号、化学成分、力学性能和应用

型号	化学成分(质量分数/%)			硬度		应用
	C	Mn	Si	供应状态 HBW (不大于)	淬火后 HRC (不小于)	
T7 T7A	0.65 ~ 0.74	≤0.40	≤0.35	187	62	承受冲击载荷,韧性较好,硬度适当的工具,如手钳、大锤、木工工具、旋具、冲头
T8 T8A	0.75 ~ 0.84	≤0.40	≤0.35	187	62	承受冲击载荷,韧性较好,硬度适当的工具,如手钳、大锤、木工工具、旋具、冲头
T8Mn T8MnA	0.80 ~ 0.90	0.40 ~ 0.60	≤0.35	187	62	承受冲击载荷,较高硬度的工具,如冲头、压缩空气工具
T9 T9A	0.85 ~ 0.94	≤0.40	≤0.35	192	62	承受中等冲击载荷,韧性中等,硬度较高的工具,如冲头、木工工具、车刀、刨刀、卡尺
T10 T10A	0.95 ~ 1.04	≤0.40	≤0.35	197	62	承受中等冲击载荷,韧性中等,硬度较高的工具,如冲头、木工工具、车刀、刨刀、卡尺
T11 T11A	1.05 ~ 1.14	≤0.40	≤0.35	207	62	承受中等冲击载荷,韧性中等,硬度较高的工具,如冲头、木工工具、车刀、刨刀、卡尺
T12 T12A	1.15 ~ 1.24	≤0.40	≤0.35	207	62	承受中等冲击载荷,韧性中等,硬度较高的工具,如冲头、木工工具、车刀、刨刀、卡尺
T13 T13A	1.25 ~ 1.35	≤0.40	≤0.35	217	62	不受冲击载荷、要求高硬度的工具和耐磨机件,如钻头、锉刀、丝锥、刮刀、精车刀

表 3-4 铸造碳钢的牌号、化学成分和力学性能

牌号	化学成分(质量分数/%)					室温下力学性能					
	C	Si	Mn	P	S	R_{el}/MPa	R_m/MPa	A/%	Z/%	A_{kv}/J	A_{ku}/J
	不大于					不小于					
ZG200 ~ 400	0.2	0.6	0.8	0.035		200	400	25	40	30	47
ZG230 ~ 450	0.3	0.6	0.9	0.035		230	450	22	32	25	36
ZG270 ~ 500	0.4	0.6	0.9	0.035		270	500	18	25	22	27
ZG310 ~ 570	0.5	0.6	0.9	0.035		310	570	15	21	15	24
ZG340 ~ 640	0.6	0.6	0.9	0.035		340	640	10	18	10	16

任务二　识读合金钢的牌号

【情境导入】

请讨论:如图 3-6 所示,为什么不同的合金钢刀具硬度、加工工件范围不同?

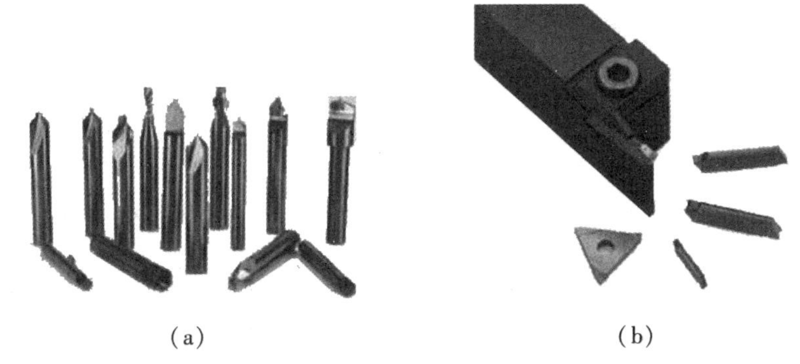

(a)　　　　(b)

图 3-6　刀具

在冶炼时有意向碳素钢中加入一些合金元素,以改善钢的使用性能和工艺性能,由于各种合金元素的有意加入改变了钢的内部成分、结构、组织和性能。那么合金元素对钢的性能有哪些影响呢?合金钢又是按照什么分类的呢?

【讲一讲】

一、合金钢的定义

合金钢是在普通碳素钢基础上,为了改善性能,在冶炼时有目的地加入一种或多种合金元素而构成的铁碳合金。根据添加元素的不同,并采取适当的加工工艺,可获得高强度、高韧性、耐磨、耐腐蚀、耐低温、耐高温、无磁性等特殊性能。

二、常见 10 种合金元素在钢中的主要作用

1. 锰(Mn)

在炼钢过程中,锰是良好的脱氧剂和脱硫剂,一般钢中含锰 0.30% ~0.50%。在碳素钢中加入锰量达 0.70% 以上时就算是“锰钢”,较一般的钢不但有足够的韧性,且有较高的强度和硬度,提高钢的淬性,改善钢的热加工性能,如 16Mn 钢比 A3 屈服点高 40%。含锰 11% ~14% 的钢有极高的耐磨性,用于挖土机铲斗、球磨机衬板等。锰量增高,减弱钢的抗腐蚀能力,降低焊接性能。

2. 硅(Si)

在炼钢过程中加硅作为还原剂和脱氧剂,所以镇静钢含有0.15%～0.30%的硅。如果钢中含硅量超过0.50%,硅就算合金元素。硅能显著提高钢的弹性极限,屈服点和抗拉强度,故广泛用于弹簧钢。在调质结构钢中加入1.0%～1.2%的硅,强度可提高15%～20%。硅和钼、钨、铬等结合,有提高抗腐蚀性和抗氧化的作用,可制造耐热钢。含硅1%～4%的低碳钢,具有极高的磁导率,用于电器工业做矽钢片。硅量增加,会降低钢的焊接性能。

3. 铬(Cr)

在结构钢和工具钢中,铬能显著提高强度、硬度和耐磨性,但同时降低塑性和韧性。铬又能提高钢的抗氧化性和耐腐蚀性,因而是不锈钢、耐热钢的重要合金元素。

4. 镍(Ni)

镍能提高钢的强度,而又保持良好的塑性和韧性。镍对酸碱有较高的耐腐蚀能力,在高温下有防锈和耐热能力。但由于镍是较稀缺的资源,故应尽量采用其他合金元素代用镍铬钢。

5. 钨(W)

钨熔点高,比重大。钨与碳形成碳化钨有很高的硬度和耐磨性。在工具钢中加钨,可显著提高红硬性和热强性,作切削工具及锻模具用。

6. 钼(Mo)

钼能使钢的晶粒细化,提高淬透性和热强性能,在高温时保持足够的强度和抗蠕变能力(长期在高温下受到应力,发生变形,称为蠕变)。结构钢中加入钼,能提高机械性能,还可以抑制合金钢由于火而引起的脆性。在工具钢中钼可提高红硬性。

7. 钒(V)

钒是钢的优良脱氧剂。钢中加0.5%的钒可细化组织晶粒,提高强度和韧性。钒与碳形成的碳化物,在高温高压下可提高抗氢腐蚀能力。

8. 硼(B)

钢中加入微量的硼就可改善钢的致密性和热轧性能,提高强度。

9. 铝(Al)

铝是钢中常用的脱氧剂。钢中加入少量的铝,可细化晶粒,提高冲击韧性,如作深冲薄板的08Al钢。铝还具有抗氧化性和抗腐蚀性能,铝与铬、硅合用,可显著提高钢的高温不起皮性能和耐高温腐蚀的能力。铝的缺点是影响钢的热加工性能、焊接性能和切削加工性能。

10. 钛(Ti)

钛是钢中强脱氧剂。它能使钢的内部组织致密,细化晶粒力;降低时效敏感性和冷脆性,改善焊接性能。在铬18镍9奥氏体不锈钢中加入适当的钛,可避免晶间腐蚀。

三、合金钢的分类及其牌号

合金钢按用途可分为合金结构钢、合金工具钢和特殊性能钢3种类型。

1. 合金结构钢

(1)牌号表示

合金结构钢的牌号由 3 部分组成,即两位数字 + 化学元素符号 + 数字。

(2)牌号识读

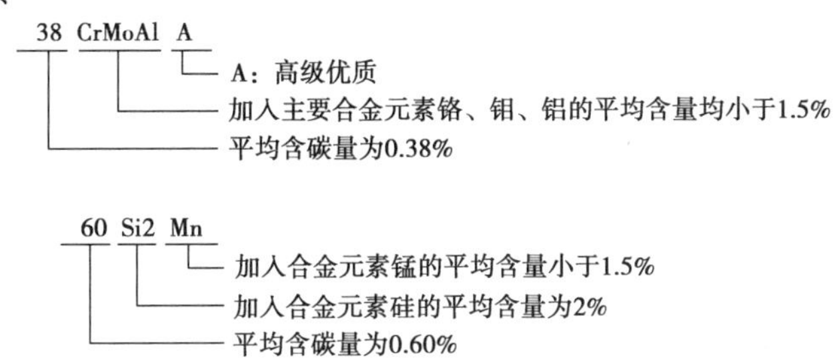

(3)分类和应用

用于制造机械零件和工程结构的钢,它们又可分为低合金高强度钢、渗碳钢、调质钢、弹簧钢、滚动轴承钢等,合金结构钢的分类和用途见表 3-5。

表 3-5　合金结构钢分类及用途

种　类	典型牌号举例	用　途
低合金高强度结构钢	Q345	主要用于建筑结构、低压锅炉、低中压化学容器、管道、对强度要求不高的工程结构以及拖拉机、车辆等的机械构件
合金渗碳钢	20CrMnTi	截面直径在 30 mm 以下的,承受调速、中等负荷或重负荷以及冲击、摩擦的渗碳零件,如齿轮等
合金调质钢	40Cr	内燃机车的多种齿轮、轴、螺栓
合金弹簧钢	65Mn	小于 ϕ12 mm 的一般机器上的弹簧,或拉成钢丝制作的小型机械弹簧
滚动轴承钢	GCr15	壁厚小于 20 mm 的中小型套圈,直径小于 50 mm 的钢球

2. 合金工具钢

(1)牌号表示

合金工具钢牌号的表示方法为 1 位数字 + 化学元素符号 + 数字。

(2)牌号识读

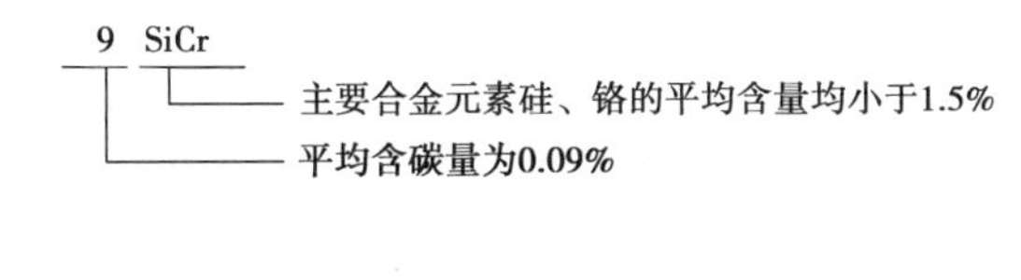

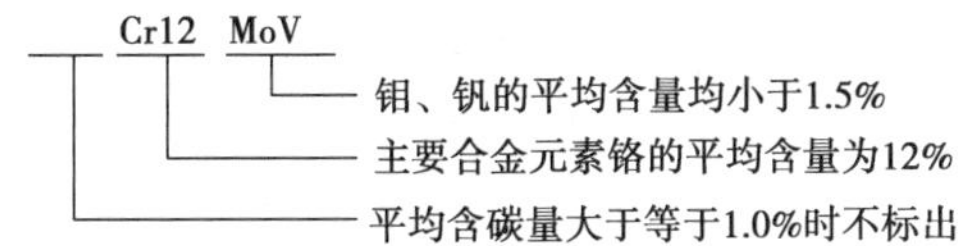

(3)分类和应用

合金工具钢用于制造各种工具的钢,可分为刃具钢、模具钢和量具钢(表3-6)。

表3-6 合金工具钢分类及用途

种类	典型牌号举例	用途
低合金刃具钢	9SiCr	适用于耐磨性高、切削不剧烈且变形小的刃具,如板牙、丝锥、钻头等,还可用作冷冲模及冷轧辊
高速钢	W18Cr4V	常用于制作切削速度较高、形状复杂、载荷较大的刃具,如车刀、镜刀、钻头、拉刀等,还可用作冷挤压模及某些耐磨零件
冷作模具钢	Cr12	大型冲裁模、拉丝模、弯曲模、拉深模
热作模具钢	3Cr2W8V	常用于热挤压模和压铸模
塑料模具钢	9Mn2V	中小尺寸且不很复杂的塑料模具
量具钢	Cr12、GCr15	高精度量规

3.特殊性能钢

(1)牌号表示

特殊性能钢的牌号表示方法与合金工具钢的牌号表示方法基本相同。

(2)牌号识读

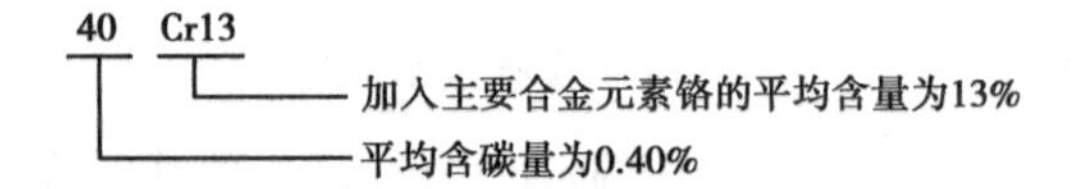

(3)分类

特殊性能钢是具有某种特殊物理、化学性能的钢,如不锈钢、耐热钢、耐磨钢等,其分类和用途见表3-7。

表3-7 特殊性能钢分类及用途

种 类	典型牌号举例	用 途
奥氏体不锈钢	12Cr18Ni9	切削性能好,最适用于自动车床加工,制作螺栓、螺母等
马氏体不锈钢	12Cr13	用作汽轮机叶片、水压机阀、螺栓、螺母等耐弱腐蚀介质并承受冲击的零件
铁素体不锈钢	06Cr13Al	汽轮机材料,复合钢材,淬火用部件
抗氧化(耐热)钢	16Cr25N	耐高温腐蚀性强,1 082 ℃以下不产生易剥落的氧化皮,用作1 050 ℃以下炉用构件

续表

种　类	典型牌号举例	用　途
热强(耐热)钢	15CrMo	用于汽轮机、燃气轮机的转子和叶片,锅炉过热器,高温工作时的螺栓和弹簧,内燃机进、排气阀等
耐磨钢	ZGMn13	用于结构简单、要求以耐磨为主的低冲击铸件,如衬板、齿板、辊套、铲齿等

【议一议】

活动一:记一记常见的10种合金元素。

活动二:分组讨论表3-8中牌号的合金钢可能在哪方面的能力比较突出?(突出的打√)

表3-8　不同牌号的合金钢的性能比较

合金钢牌号	硬　度	强　度	耐腐蚀	热硬性	淬透性
40Cr					
65Mn					
12Cr2Ni4A					

活动三:连连看,试将常见合金元素与其在钢中的主要作用连线匹配。

锰
硅　　　　高强度
铬　　　　高硬度
镍　　　　高耐磨性
钨　　　　高耐腐蚀性
钼　　　　高弹性极限
钒　　　　高红硬性
硼　　　　好焊接性
铝　　　　细化晶粒
钛

活动四:看图归类,试将图3-7中各小图所用钢材按用途归类。

(a) (b)

(c) (d)

(e) (f) (g)

(h) (i) (j)

图 3-7 不同用途的钢材

活动五:分组找一找身边所用到的合金钢,比比看哪组找得更多。

【做一做】

一、判断题(正确的打√,错误的打×)

1. 合金的牌号中一定至少包含一个合金元素符号。（　）
2. 合金钢只有经过热处理,才能显著提高其力学性能。（　）
3. 所有的合金元素都能提高钢的淬透性。（　）
4. 滚动轴承钢是高碳钢。（　）
5. GCr15 钢是滚动轴承钢,又可制造量具、刀具和冷冲模具等。（　）
6. 不锈钢中的含铬量都在 13% 以上。（　）
7. 高锰钢大多采用切削加工成形。（　）

二、牌号解释

1. 40Cr

2. W18Cr4V

3. 60Si2Mn

4. 10Cr18Ni9Ti

三、简答题

1. 简述常见 10 种合金元素在钢中的主要作用。

2. 列举不同种类合金钢的牌号,并简述其基本性能与用途。

【评一评】

试用量化方式(评星)评价本节学习情况,并提出意见与建议。

学生自评:____________________

____

小组互评:____________________

____

老师点评:____________________

____

任务三　识读铸铁的牌号

【情境导入】

铸铁(图 3-8)与钢相比,具有优良的铸造性能和切削加工性能,生产成本低廉,且耐压、耐磨和减振等性能俱佳,在生产中广泛应用于机械制造、冶金、石油化工、交通、建筑和国防工业各部门。虽然铸铁有很多优点,但因铸铁的强度、塑性和韧性较差,不能通过锻造、轧制、拉丝等方法加工成形。了解铸铁的分类在实际应用中至关重要,铸铁可以分为哪几类？每个种类的牌号怎么表示呢？

(a)　(b)

图 3-8　铸铁件

【讲一讲】

一、铸铁的定义

铸铁是指含碳量大于 2. 11% 的铁碳合金。工业上使用的铸铁,含碳量一般为 2.5% ~4.0% ,此外含有一定量的硅、锰、硫、磷等元素。

二、铸铁的分类

铸铁中的碳主要是以渗碳体和石墨两种形式存在。

1. 根据铸铁中碳的存在形式分类

按铸铁中碳的存在形式不同,可将铸铁分为以下 3 种。

- 白口铸铁:几乎全部以渗碳体(Fe_3C)的形式存在,并具有莱氏体组织,其断口呈银白色,所以称为白口铸铁。白口铸铁既硬又脆,很难进行切削加工,所以很少直接用它来制作机械零件,主要用于炼钢原料(又称为炼钢生铁)。
- 灰铸铁:碳大部分或全部以石墨(G)的形式存在,其断口呈暗灰色,故称为灰铸铁,是目前工业生产中应用最广泛的一种铸铁。
- 麻口铸铁:大部分以渗碳体(Fe_3C)的形式存在,少量以石墨(G)的形式存在,含有不同程度的莱氏体，断口呈灰白相间的麻点状。麻口铸铁具有较大的硬脆性，工业上很少应用。

2. 根据铸铁中石墨的形态分类

按铸铁中石墨(G)的形态不同，又可将铸铁分为以下 4 种。

- 普通灰铸铁：石墨(G)呈片状，简称灰铸铁。这类铸铁具有一定的强度，耐磨、耐压和减震性能良好。
- 可锻铸铁：石墨(G)呈团絮状，由一定成分的白口铸铁经石墨化退火获得。可锻铸铁强度较高，具有韧性和一定的塑性。应该注意，这类铸铁虽称为可锻铸铁，但实际上是不能锻造的。
- 球墨铸铁：石墨(G)大部分或全部呈球状，浇注前经球化处理获得。这类铸铁强度高，韧性好，力学性能比普通灰铸铁高很多，在生产中的应用日益广泛，简称球铁。
- 蠕墨铸铁：石墨(G)大部分呈蠕虫状，浇注前经蠕墨化处理获得，简称蠕铁。这类铸铁的抗拉强度、耐热冲击性能、耐压性能均比普通灰铸铁有明显改善，其力学性能介于灰铸铁和球墨铸铁之间。

三、铸铁的牌号

1. 灰铸铁

(1)牌号表示

灰铸铁(图 3-9)的牌号由“灰铁”两字的汉语拼音首个字母“HT + 一组数字”表示，其中一组数字表示灰铸铁的最低抗拉强度值(MPa)。

图 3-9　灰铸铁件

(2)牌号的识读

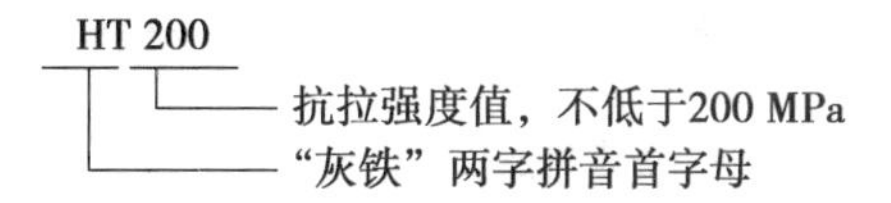

(3)灰铸铁的性能

铸铁是在钢的基体上分布着一些片状石墨。由于石墨的强度和塑性几乎为零，因此，石墨的存在就像在基体上分布着许多细小的裂缝和空洞，破坏了金属基体的连续性，减小了有效面积，并且在石墨尖角处容易产生应力集中，所以灰铸铁的强度、塑性和韧性远不如钢。

石墨虽然降低了铸铁的力学性能，但由于石墨的存在，也使灰铸铁获得一些优异性能，如良好的铸造性能和切削加工性能，较高的耐磨性、减震性和低的缺口敏感性。各类灰铸铁的牌号、力学性能及用途详见表3-9。

图3-10　可锻铸铁件

2. 可锻铸铁

（1）牌号的表示

可锻铸铁（图3-10）的牌号由3个字母加两组数字组成，前两个字母“KT”是“可铁”两字的汉语拼音首个字母，第三个字母代表可锻铸铁的类别，“H”代表黑心可锻铸铁，“Z”代表珠光体可锻铸铁，“B”代表白心可锻铸铁。两组数字则分别代表最低抗拉强度（MPa）和伸长率（%）。

（2）牌号的识读

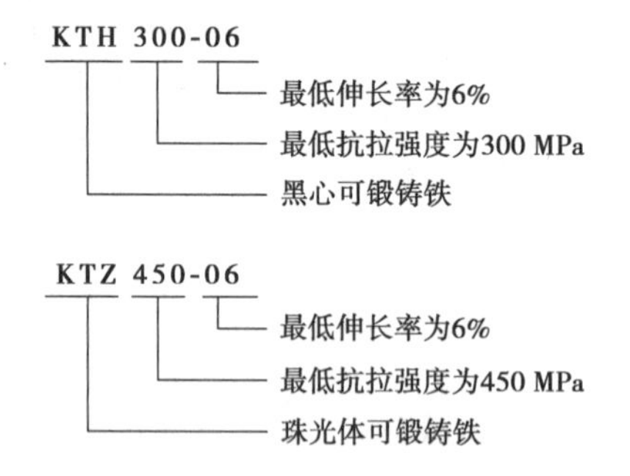

（3）可锻铸铁的性能

可锻铸铁的机体组织不同，其性能也不同，黑心可锻铸铁具有一定的强度和一定的塑性与韧性，而珠光体可锻铸铁则具有较高的强度、硬度和耐磨性，塑性与韧性则较低。各类灰铸铁的牌号、力学性能及用途详见表3-10。

3. 球墨铸铁

（1）牌号的表示

球墨铸铁（图3-11）的牌号由“球铁”两字的汉语拼音首个字母“QT”及后面的两组数字组成，两组数字分别表示球墨铸铁的最低抗拉强度（MPa）和伸长率（%）。

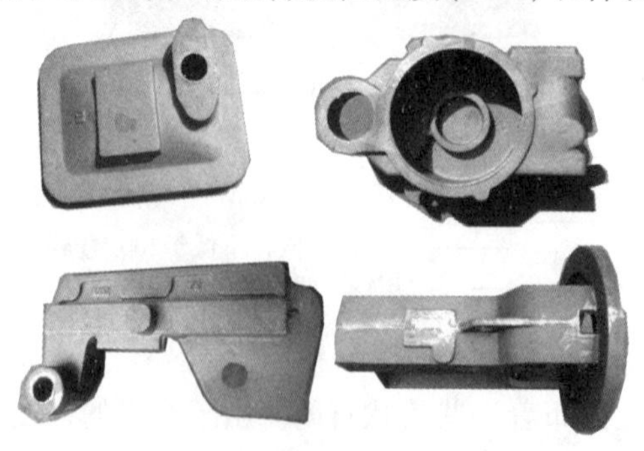
图3-11　球墨铸铁件

(2)牌号的识读

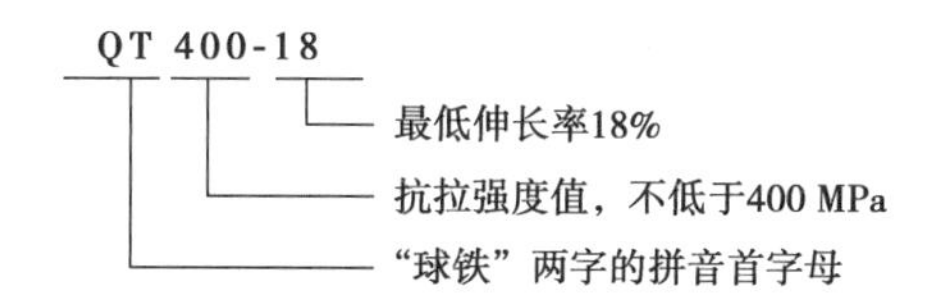

(3)球墨铸铁的性能

由于球墨铸铁具有比灰铸铁和可锻铸铁优良的力学性能和工艺性能,并能通过热处理使其性能在较大范围内变化,因此可以代替碳素铸钢、合金铸钢和可锻铸铁,用来制作一些受力复杂,强硬度、塑韧性和耐磨性要求较高的零件,如内燃机曲轴、凸轮轴、连杆、减速箱齿轮及轧钢机的轧辐等。各类球墨铸铁的牌号、力学性能及用途详见表3-11。

4.蠕墨铸铁

蠕墨铸铁是近年来迅速发展起来的一种新型结构材料,它是在高碳、低硫、低磷的铁液中加入蠕化剂,经蠕化处理后使石墨呈短蠕虫状的高强度铸铁(图3.12)。蠕墨铸铁的强度比灰铸铁高,兼具灰铸铁和球墨铸铁的某些优点,可用于代替高强度灰铸铁、合金铸铁、黑心可锻铸铁及铁素体球墨铸铁使用,日益引起人们的重视。

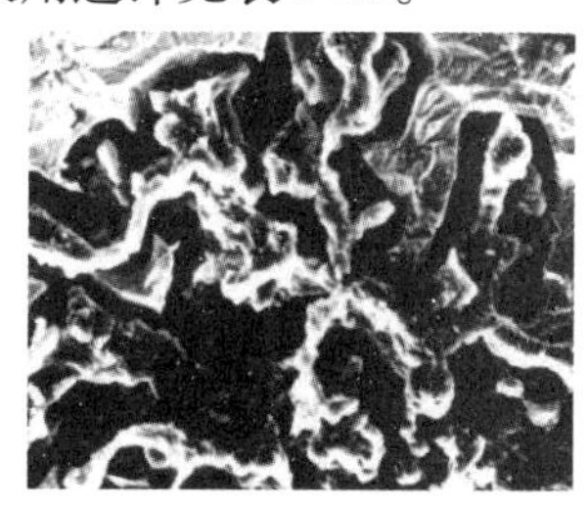

图3-12　蠕墨铸铁显微组织

(1)牌号的表示

蠕墨铸铁的牌号用"蠕铁"两字的汉语拼音"RuT"及后面的数字组成,数字表示蠕墨铸铁的最低抗拉强度(MPa)。

(2)牌号的识读

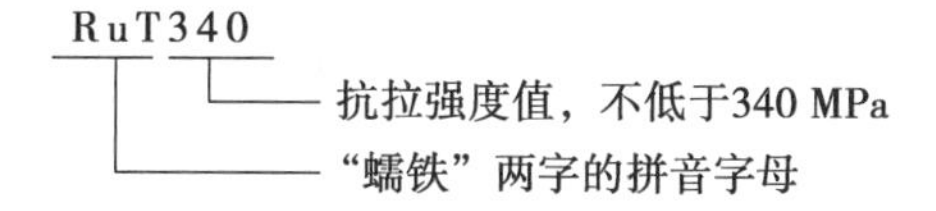

(3)蠕墨铸铁的性能

蠕墨铸铁的性能介于灰铸铁和球墨铸铁之间,工艺简单,而且具有耐热冲击性好和抗热生长能力强等优点,必要时还可以通过热处理来改善组织和提高性能,在工业上广泛应用于承受循环载荷、组织要求细密、强度要求较高、形状复杂的大型零件和气密性零件,如气缸盖、飞轮、钢锭模、进排气管和液压阀体等零件。各类蠕墨铸铁的牌号、力学性能及用途详见表3-12。

【议一议】

活动一:记一记铸铁的常见种类。

活动二:记一记铸铁阻碍石墨化进程的元素按其作用由强至弱的顺序。

活动三:分组讨论并对比分析5种以上铸铁化学成分、显微组织与性能。

【做一做】

简答题

1. 什么是铸铁？与钢相比，铸铁在成分、性能和组织等方面有什么不同？

2. 铸铁是如何分类的？

3. 什么是铸铁的石墨化？影响石墨化的主要因素有哪些？

4. 铸铁中常见的石墨形态有哪些？

5. 试举例说明灰铸铁、可锻铸铁、球墨铸铁和蠕墨铸铁的牌号表示方法。

【评一评】

试用量化方式（评星）评价本节学习情况，并提出意见与建议。

学生自评：____

____

小组互评：____

____

老师点评：____

____

【拓展阅读】

铸铁与钢相比，虽然力学性能较低，但是它具有优良的铸造性能和切削加工性能，生产成本低，并且具有耐压和减震等性能，因而得到了广泛的应用。各类铸铁的常用牌号、力学性能及用途见表 3-9—表 3-12。

表 3-9　灰铸铁的牌号、力学性能及用途

牌号	最低抗拉强度/MPa	用　途
HT100	100	承受轻载荷、抗磨性要求不高的零件,如罩、盖、手轮、文架、重锤等,不需人工时效,铸造性能好
HT150	150	承受中等载荷、轻度磨损的零件,如机床支柱、底座、阀体、水泵壳等,不需人工时效,铸造性能好
HT200	200	承受较大载荷、气密性或轻腐蚀工作条件的零件,如齿轮,联轴器、凸轮、泵、阀体等
HT250	250	强度较高的铸铁,耐弱腐蚀介质,用于制造齿轮、联轴器、齿轮箱、气缸套、液压缸、泵体、机座等
HT300	300	高强度铸铁,具有良好的耐磨性和气密性,用于制造机床床身、导轨、齿轮、曲HT350 350 轴、凸轮、车床卡盘、高压液压缸、高压泵体、冲模等
HT350	350	

注:灰铸铁是根据强度分级的,一般采用 ϕ30 mm 铸造试棒,切削加工后进行测定。

表 3-10　黑心可锻铸铁和珠光体可锻铸铁的牌号、力学性能及用途

牌　号			试样直径 d/mm	抗拉强度/MPa	屈服强度/MPa	伸长率/%	硬度 HBW	用　途
	A	B		不小于				
黑心可锻铸铁	KTH300-06		12 或 15	300		6	≤150	强度高,塑韧性好,抗冲击,有一定的耐蚀性。用于水管、高压锅炉、农机零件、车辆铸件、机床零件
		KTH330-08		330		8		
	KTH350-10			350	200	10		强度高,塑韧性好,抗冲击,有一定的耐蚀性。用于汽车、拖拉机、机床、农机零件
		KTH370-12		370		12		
珠光体可锻铸铁	KTZ450-06			450	270	6	150～200	强度较高,韧性较差,耐磨性好,加工性能好,可代替中低碳钢、低合金钢及有色金属等制造耐磨性和强度要求高的零件。用于汽车前轮毂、传动箱体、拖拉机履带轨板、齿轮、连杆、活塞环、凸轮轴、曲轴、差速器壳、犁刀等
	KTZ550-04			550	340	4	180～230	
	KTZ650-02			650	430	2	210～260	
	KTZ700-02			700	530	2	240～290	

注:B 为过渡性牌号。

表 3-11 球墨铸铁的牌号、力学性能及用途

牌号	抗拉强度/MPa	屈服强度/MPa	伸长率/%	硬度HBW	用途
	≥				
QT400-18	400	250	18	130～180	韧性高，低温性能好，有一定的耐蚀性。用于制造汽车及拖拉机轮毂、驱动桥、离合器壳、差速器壳体、拨叉、阀体等
QT400-15	400	250	15	130～180	
QT450-10	450	310	10	160～210	强度和韧性中等。用于制造内燃机油泵齿轮、铁路车辆轴瓦飞轮、水轮机阀门体等
QT500-7	500	320	7	170～230	
QT600-3	600	370	3	190～270	高强度、高耐磨性，并具有一定的韧性。用于制造柴油机曲轴，轻型柴油机凸轮轴、连杆、气缸套、缸体，磨床主轴，铣床主轴，车床主轴，矿车车轮，农业机械小负荷齿轮
QT700-2	700	420	2	225～305	
QT800-2	800	480	2	245～335	
QT900-2	900	600	2	280～360	高强度、高耐磨性。用于制造内燃机曲轴、凸轮轴，汽车锥齿轮、万向节，拖拉机变速器齿轮，农业机械犁铧等

注：①表中均为单注试块的力学性能数据。

②QT900-2 经等温、淬火得到的金属基体组织为下贝氏。

表 3-12 蠕墨铸铁的牌号、力学性能及用途

牌号	抗拉强度/MPa	屈服强度/MPa	伸长率/%	硬度HBW	用途
	≥				
RuT420	420	335	0.75	200～280	高强度、高耐磨性、高硬度及好的热导率，须正火处理。用于制造活塞、制动盘、玻璃模具、研磨盘、活塞环、制动鼓等
RuT380	380	300	0.75	193～274	
RuT340	340	270	1.00	170～249	较高的硬度、强度、耐磨性及热导率。用于制造要求较高强度、刚度和耐磨性的零件，如大齿轮箱体、盖、底座制动鼓，大型机床件、飞轮，起重机卷筒等
RuT300	300	240	1.50	140～217	良好的强度、硬度，一定的塑韧性，较高的热导率，致密性良好。用于制造强度较高及耐热疲劳的零件，如排气管、气缸盖、变速箱体、液压件、钢锭模等
RuT260	260	195	3.00	121～197	强度不高、硬度较低，有较高的塑韧性及热导率，需退火处理。用于制造受冲击载荷及热疲劳的零件，如汽车及拖拉机的底盘零件、增压机废气进气壳体等

任务四　识读有色金属及硬质合金的牌号

【情境导入】

请讨论：如图 3-13 所示，有色金属铜、铝性能的相同点和不同点是什么？

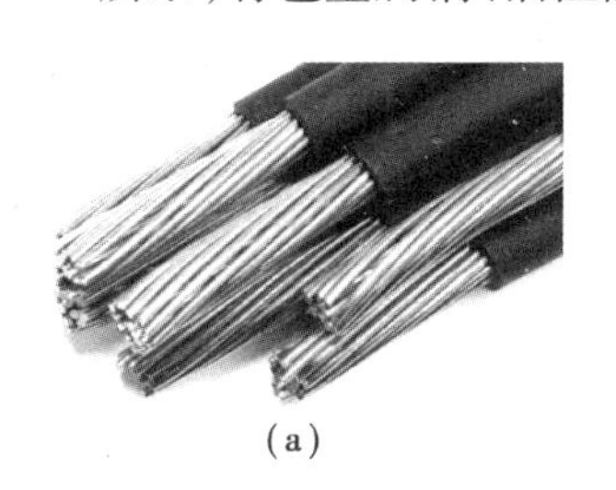
(a)

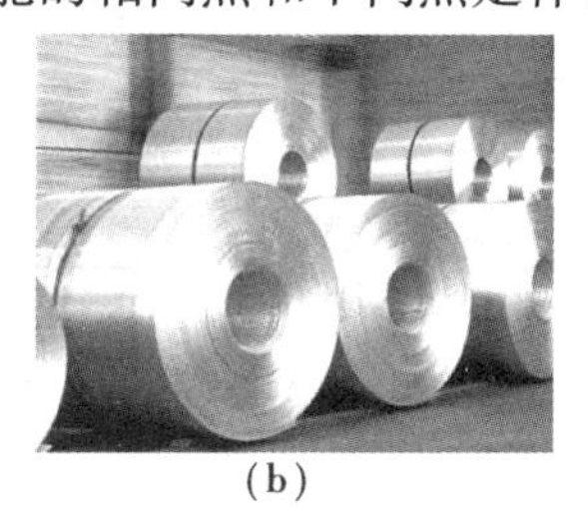
(b)

图 3-13　铜、铝材料

(a)铜芯线；(b)铝材

有色金属是现代工业中不可缺少的材料，并且随着新工艺、新产品的不断问世，有色金属材料也逐渐拥有了越来越广阔的市场。有色金属及硬质合金有哪些牌号？又是怎么进行分类的呢？

【讲一讲】

一、铝及铝合金

铝是 18 世纪初问世并被命名的，属于年轻金属，但是它在地球上的储藏量位于所有金属元素之首，它的应用范围仅次于钢铁，居第二位。铝及铝合金广泛应用于电气、交通工具、食品包装、化工等部门，也是航空和航天工业的主要结构材料。

1. 纯铝

(1)工业纯铝的牌号

工业纯铝(图 3-14)的牌号，新的国家标准规定为 1070、1060、1050、1035、1200，其对应的旧牌号为 L1、L2、L3、L4、L5。杂质含量越高，纯铝的导电性、导热性越差。

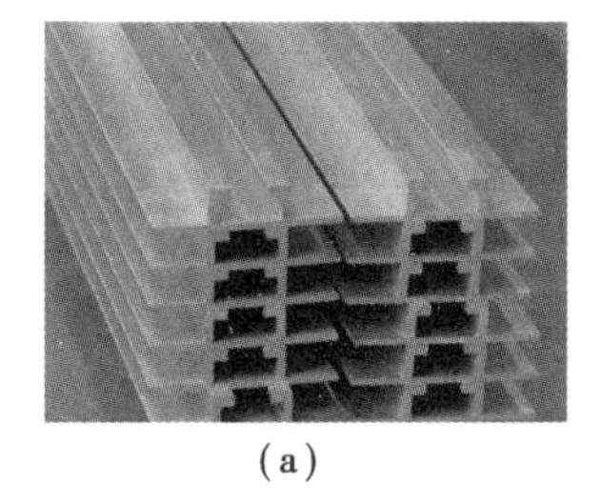
(a)

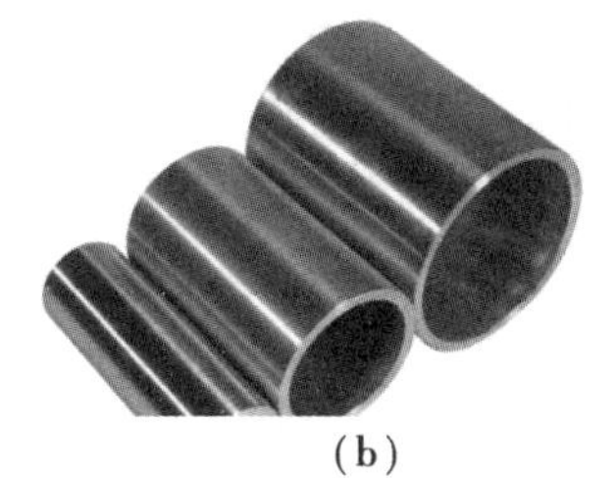
(b)

图 3-14　铝材

(2)工业纯铝的用途

工业纯铝主要用于制作电线、电缆、电器元件、换热器件、化学储存器,配制各种铝合金以及制作要求质轻、导热、导电、耐大气腐蚀但强度要求不高的机电产品零件等。

2. 铝合金

在纯铝中加入硅、铜、镁、锰等元素,便能形成具有较高强度的铝合金(图3-15)。这些铝合金一般仍具有密度小、耐蚀、导热性好等特殊性能,若再经过冷加工或热处理,其强度还可进一步提高,可用于承受较大载荷的机器零件和构件。铝合金具有高的比强度(强度与密度之比),即质量轻、强度高,被誉为“会飞的金属”,广泛应用于飞机、船舶、运输车辆、导弹、火箭、人造地球卫星等陆海空运载工具制造领域(图3-16)。

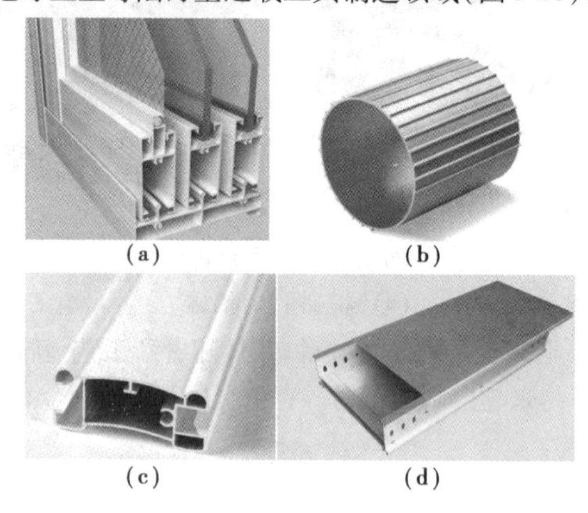
(a) (b) (c) (d)

图3-15 铝合金制品

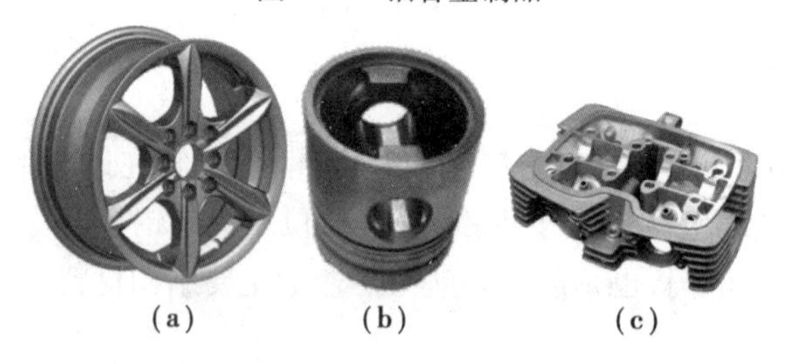
(a) (b) (c)

图3-16 铝合金的应用

根据铝合金的成分、组织和工艺特点,可以将其分为变形铝合金和铸造铝合金两类。

(1)变形铝合金

- 防锈铝合金(旧标准中用LF+顺序号表示):主要是Al-Mn系和Al-Mg系合金,具有优良的耐腐蚀性能,适中的强度、优良的塑性和良好的焊接性能。这类铝合金不能热处理强化,一般只能冷变形强化,常用于制造焊接管道、铆钉、各式容器及生活器具等。常用合金有3A21(LF21)、SA02(LF2)等。
- 硬铝合金(旧标准中用LY+顺序号表示):它是Al-Cu-Mg系合金,具有高强度、高硬度,优良的切削加工性能和耐热性,但耐蚀性差。这类合金都可以进行时效强化,是可以热处理强化的铝合金,也可以进行变形强化,常用于制造铆钉、螺栓、航空工业中的一般受力件等。常用合金有2A11（LY11）、2A12（LY12）等。

● 超硬铝合金（旧标准中用LC＋顺序号表示）：它是Al-Cu-Mg-Zn系合金，经固溶处理和人工时效后，是室温强度最高的铝合金。这种合金耐蚀性差，一般在板材表面包铝，以提高耐蚀性，常用于制造受力大的重要构件，如飞机大梁、起落架、加强框等。常用合金有7A04（LC4）、7A09（LC9）等。

● 锻铝合金（旧标准中用LD＋顺序号表示）：它是Al-Cu-Mg-Si系合金，力学性能与硬铝相近，热塑性及耐蚀性较高，更适合锻造。锻铝合金通常要进行固溶处理和人工时效，常用于制造形状复杂、中等强度的锻件和冲压件。常用合金有2A50（LD5）、2A70（LD7）等。

（2）铸造铝合金

铸造铝合金具有较高的比强度、良好的耐蚀性及铸造工艺性，但塑性较差，一般不进行压力加工。根据主加元素不同，分为Al-Si系、Al-Cu系、Al-Mg系、Al-Zn系4种，其中Al-Si系应用最为广泛。

铸造铝合金的代号用“ZL＋三位数字”表示，“ZL”是“铸铝”两字的汉语拼音首个字母，第一位数字表示合金系别（1—Al-Si系，2—Al-Gu系，3—Al-Mg系，4—Al-Zn系），第二、三位数字表示合金顺序号。

铸造铝合金牌号由铝和主要合金元素的化学元素符号以及该元素的质量分数的数字组成，并在牌号前加上“铸”字的汉语拼音字首“Z”。例如，ZAlMg10表示镁的平均质量分数为10%的铸造铝合金；ZAlSi7MgA表示硅的平均质量分数为7%、镁的平均质量分数小于1%的优质铸造铝合金。常用铸造铝合金的牌号、力学性能及用途见表3-16。

二、铜及铜合金

铜是一种令人难以置信的万能金属，它与我们的生活密切相关。4 000年前我们的祖先开始使用红铜，殷商时代有青铜冶铸技术。铜在现代社会中也是非常重要的，这种具有优良延展性、导电性的紫红色金属一路伴随着人们发展进步（图3-17）。

（a）

（b）

图3-17　铜制品

1. 纯铜

（1）工业纯铜的牌号

根据杂质含量不同，我国工业纯铜有3个牌号，代号为T1、T2、T3。代号中“T”为“铜”的汉语拼音第一个字母，其后的数字表示序号，数字越大，纯度越低。除了工业纯铜外,还有一类称为无氧铜,其含氧量极低,氧的质量分数不大于0.003%,代号为TUO、TU1、TU2,"U"为"无"字的汉语拼音第二个字母。无氧铜主要用来制作真空电子器件和高导电性的导线和元件。

(2)工业纯铜的用途

工业纯铜不宜作为结构材料使用,主要用于电气、仪表、工艺品等方面,广泛用于制作电线、电缆、铜管和作为配制铜合金的原料。

2.铜合金

纯铜的强度和硬度较低(R_m=230~250 MPa,硬度为30~40 HBW),采用冷变形加工可以使抗拉强度提高到400~500 MPa,但塑性却急剧下降,所以要满足制作构件的要求,必须进行合金化。铜合金具有良好的力学性能,在大气、淡水和海水中有较高的耐蚀性。此外,还有某些特殊的力学性能,如优良的减摩性和耐磨性、高的弹性极限及疲劳强度。铜合金按其化学成分可分为黄铜、白铜、青铜三大类。

(1)黄铜

黄铜(图3-18)是指以锌为主加元素的铜合金,呈黄色。黄铜具有良好的力学性能,易加工成形,大气和海水中有相当好的耐蚀性,是应用最广的有色金属。例如,管乐器几乎都是用黄铜制造的,它被称为悦耳的金属。黄铜按所含合金元素的种类不同可分为普通黄铜和特殊黄铜两类;按生产方式不同可分为加工黄铜和铸造黄铜两类。

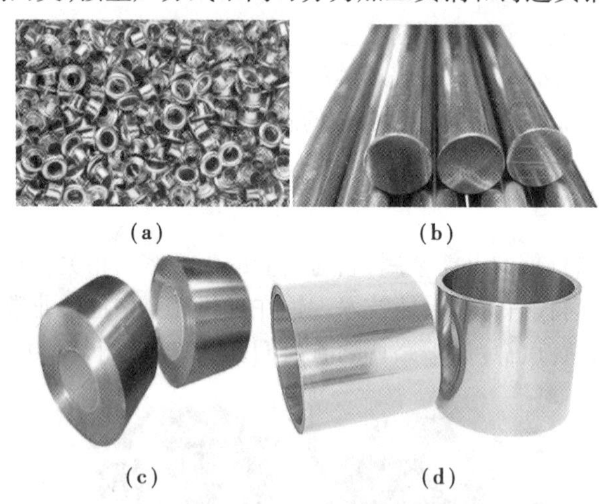

(a) (b) (c) (d)

图3-18 黄铜

• 普通黄铜:铜锌二元合金,它色泽美观,对大气和海水有优良的耐蚀性,加工性能也很好,其力学性能与含锌量有关。

普通黄铜常用于制作乐器、阀门、子弹壳、电器零件、工艺品等。

• 特殊黄铜:在普通黄铜的基础上加入铅、铝、锡、锰、硅、镍、铁等元素所形成的铜合金。这些元素的加入都能提高黄铜的强度,其中铝、镍、锡、硅能提高其耐蚀性和耐磨性,铁、锰能提高再结晶温度和细化晶粒。特殊黄铜可分为加工用特殊黄铜和铸造用特殊黄铜两种,根据加入元素的不同,可分为锡黄铜、锰黄铜、硅黄铜、铅黄铜和铝黄铜等。

特殊黄铜常用于船舶、化工、机电制造业中的零配件生产，如被称为海军黄铜的HSn70-1 及 HSn62-1、被称为易削黄铜的 HPb59-1、被称为钟表黄铜的 HPb63-3 等。

● 铸造黄铜：含有较多的铜和少量合金元素，如硅、铝、锰等。它的熔点比纯铜低，结晶温度区间小，有较好的流动性及较小的偏析倾向，铸件组织致密，铸造性能好，耐磨性和耐蚀性也较好。

铸造黄铜一般用来制造涡轮、法兰、轴瓦、阀体及其他在腐蚀介质中使用的零件（图 3-19）。其中，S 表示砂型铸造；J 表示金属型铸造。

图 3-19　铸铜管件

（2）白铜

白铜制品如图 3-20 所示。

图 3-20　白铜制品

白铜是指以镍为主加元素的铜合金。由于铜和镍的晶格类型相同，在固态下铜和镍能完全互溶，所以各类白铜在固态下都是单相固溶体，不能通过热处理强化，只能固溶强化和加工硬化。按所含合金元素的种类，可将白铜分为普通白铜和特殊白铜两类。

白铜一般用来制造精密机械零件、精密电工测量仪器零件、热电偶、艺术品等。

（3）青铜

现代工业中把铜与除锌、镍以外的元素所组成的合金称为青铜，即除了黄铜、白铜外其余的铜合金统称为青铜。青铜按生产方式可分为加工青铜和铸造青铜；按主加元素种类的不同，可分为锡青铜、铝青铜、硅青铜和铍青铜等。

加工青铜的代号由“Q” + 主加元素符号及其平均 + 其他加入元素的平均组成，“Q”为“青”字的汉语拼音首个字母。

例如 QSn4-3，表示锡的平均质量分数为 4%，锌的平均质量分数为 3%，其余为铜的加工锡青铜；QBe2，表示铍的平均质量分数为 2%，其余为铜的加工铍青铜。

铸造青铜的代号由“ZCu” + 主加元素符号及其平均质量分数 + 其他元素符号及其平均质量分数组成，“Z”为“铸”字的汉语拼音首个字母。

例如 ZCuSn10Pb1，表示锡的平均质量分数为 10%，铅的平均质量分数为 1% 的铸造锡青铜；ZCuAl9Mn2，表示铝的平均质量分数为 9%，锰的平均质量分数为 2% 的铸造铝青铜。

三、硬质合金

按组成成分和使用特点不同，硬质合金可分为钨钴类、钨钴钛类和通用类（万能类）硬质合金 3 种。

1. 钨钴类硬质合金

钨钴类硬质合金的主要成分为碳化钨和钴，其牌号结构是“YG + 数字”。“YG”是“硬”“钴”两字的拼音字头，数字表示黏结剂“钴”的质量分数。例如 YG8，表示含钴 8%，余量为碳化钨的钨钴类硬质合金。

钨钴类硬质合金的强度、韧性等指标较高，但耐磨性较差，且随着含钴量的增加，其强度、韧性会随之升高，而硬度及耐磨性则随之降低，故钨钴类硬质合金刀具主要用于脆性材料的加工，如铸铁等。一般地，大牌号钨钴类硬质合金用于粗加工，小牌号用于精加工。

2. 钨钴钛类硬质合金

钨钴钛类硬质合金的主要成分为碳化钨、碳化钛和钴，它是在钨钴类硬质合金基础上加入一定量的碳化钛而得到的，其牌号结构为“YT + 数字”。“YT”分别代表“硬”“钛”两个字的拼音字头，数字代表合金中碳化钛的质量分数。例如 YT15，表示含碳化钛为 15%，余量为碳化钨和钴的钨钴钛类硬质合金。

钨钴钛类硬质合金硬度及耐磨性较高，但韧性不如钨钴类硬质合金，且随着碳化钛含量的增加，其硬度和耐磨性会随之增加，而强度、韧性会随之降低。这类硬质合金刀具主要用于加工塑性材料，如各种中、低碳钢（45 钢、20 钢等）。一般地，小牌号钨钴钛类硬质合金用于粗加工，大牌号用于精加工。

3. 通用类硬质合金

通用类硬质合金的主要成分是碳化钨、碳化钛、碳化钽（碳化铌）和钴，它是在钨钴钛类硬质合金基础上，用一定量的碳化钽（或碳化铌）代替一部分碳化钛而得到的。其牌号结构是“YW + 数字”，“YW”分别代表“硬”“万（万能）”两字的拼音字头，后面的数字为顺序号。例如 YW1，表示 1 号通用类硬质合金。

通用类硬质合金综合性能比较好，因它是由钨钴钛类硬质合金改进而来的，故除具有较高硬度及耐磨性外，其抗弯强度、韧性也有较大提高。通用类硬质合金刀具主要用于那些切削性能不好的特种钢的加工，如不锈钢、耐热钢、高锰钢等。

硬质合金除用于刀具外，还可用于制造冷作模具、量具及某些耐磨零件，如冷拔模、冲模、冷挤压模、冷镦模等。在量具的易磨损面上镶以硬质合金，不仅可以大大提高其使用寿命，而且可使测量更加可靠和准确。对于许多要求耐磨的机械零件，如车床顶尖、无心磨床的导杆和导板等，也都可采用硬质合金。模具、量具及耐磨零件所用的硬质合金一般都是“YG”类硬质合金。

【议一议】

活动一:记一记纯铝具有哪些性能。

活动二:分组讨论并列举 5 种纯铝在生活中的应用。

活动三:记一记常见铝合金的种类。

活动四:连连看,试将常见铜合金型号与所属种类连线匹配。

黄铜　　　　B19
白铜　　　　QAL7
青铜　　　　H68

【做一做】

简答题

1. 对比分析青铜、白铜和黄铜的性能特点。

2. 分别列举 3 种铝合金、铜合金牌号并说明其用途。

【评一评】

试用量化方式(评星)评价本节学习情况,并提出意见与建议。

学生自评:____

____

小组互评:____

____

老师点评:____

____

【拓展阅读】

通常把黑色金属以外的金属称为有色金属,也称为非铁金属。有色金属的产量及用量虽不如黑色金属,但其具有许多特殊性能,如导电性和导热性好、密度及熔点较低、力学性能和工艺性能良好,因此它们是现代工业,特别是国防工业不可缺少的材料。常用的有色金属及合金、硬质合金牌号、化学成分、性能见表3-13—表3-23。

表3-13 铝及铝合金牌号的组别分类

组　别	牌号系列	组　别	牌号系列
纯铝（铝的质量分数不小于99.00%）	1×××	以镁和硅为主要合金元素并以Mg_2Si为强化相的铝合金	6×××
以铜为主要合金元素的铝合金	2×××	以锌为主要合金元素的铝合金	7×××
以锰为主要合金元素的铝合金	3×××	以其他合金元素为主要合金元素的铝合金	8×××
以硅为主要合金元素的铝合金	4×××	备用合金组	9×××
以镁为主要合金元素的铝合金	5×××	—	

表3-14 工业纯铝的牌号、化学成分及用途

新牌号	旧牌号	化学成分（质量分数/%）		用　途
		Al	杂质总量	
1070	L1	99.70	0.30	用于不承受载荷，但对塑性、焊接性、耐蚀性、导电性、导热性要求较高的零件或结构，如垫片、电线保护套管、电缆、电线、线芯等
1060	L2	99.60	0.40	
1050	L3	99.50	0.50	
1035	L4	99.35	0.65	
1200	L5	99.00	1.00	用于不受力而具有某种特性的零件，如电线保护套管、通信系统的零件、垫片和装饰件等

表3-15 变形铝合金主要特性和应用举例

类　别	新牌号	旧牌号	主要特性	应用举例
防锈铝	3A21	LF21	强度不高，不能热处理强化，退火状态下塑性好，耐蚀性好	制造油箱、汽油或润滑油导管，铆钉、饮料罐等
	5A02	LF2	强度较高，塑性与耐蚀性高，不能热处理强化，焊接性好	焊接油箱，汽油或润滑油导管，车辆、船舶内部装饰
硬铝	2A11	LY11	中等强度，可热处理强化，退火、淬火和热态下塑性尚好	中等强度的零件和构件，如空气螺旋桨叶片等
	2A12	LY12	高强度，可热处理强化，耐蚀性不高，点焊焊接性良好	高负荷零件和构件，如飞机骨架、蒙皮、铆钉等

续表

类　别	新牌号	旧牌号	主要特性	应用举例
超硬铝	7A04	LC4	室温强度最高，塑性较低，可热处理强化，点焊焊接性良好	高载荷零件，如飞机的大梁、蒙皮、翼肋、起落架等
	7A09	LC9	高强度，可热处理强化，塑性、缺口敏感性、耐蚀性优于7A04	飞机蒙皮和主要受力件
锻铝	2A50	LD5	高强度，可热处理强化，高塑性，易于锻造、切削，耐蚀性好	制造形状复杂、中等强度的锻件和冲压件
	2A70	LD7	耐热锻铝，热强度较高，可热处理强化，耐蚀性、可加工性好	内燃机活塞、高温下工作的复杂锻件、压气机叶轮等

表3-16　常用铸造铝合金的牌号及用途(摘自GB/T 1173—1995)

类别	合金牌号	合金代号	用　途
铝硅合金	ZAlSi7Mg	ZL101	耐蚀性、铸造性好，易气焊。用于制作形状复杂的零件，如仪器零件、飞机零件、工作温度低于185 ℃的汽化器。在海水环境中使用时 $W_{cu} \leqslant 0.1\%$
	ZAlSi12	ZL102	用于制作形状复杂、负荷小、耐蚀的薄壁零件和工作温度不高于200 ℃的高气密性零件
铝铜合金	ZAlCu5Mn	ZL201	焊接性能好，铸造性能差。用于制作工作温度在175 ~ 300 ℃的零件，如支臂、梁柱
	ZAlCu4	ZL203	用于制作受重载荷、表面粗糙度值较高而形状简单的厚壁零件，工作温度不高于200 ℃
铝镁合金	ZAlMg10	ZL301	用于制作受冲击载荷、循环载荷、海水腐蚀和工作温度不高于200 ℃的零件
	ZAlMg5Si1	ZL303	用于铸造同腐蚀介质接触和在较高温度(不高于220 ℃)下工作、承受中等载荷的零件
铝锌合金	ZAlZn11Si7	ZL401	铸造性能好、耐蚀性能低。用于制作工作温度不高于200 ℃、形状复杂的大型薄壁零件
	ZAlZn6Mg	ZL402	用于制作高强度零件，如空压机活塞、飞机起落架等

表 3-17　工业纯铜的牌号、化学成分及用途

代号	化学成分(质量分数/%)				用　途
	Cu	Bi	Pb	杂质总量	
T1	≥99.95	0.001	0.003	0.05	导电、导热、耐蚀器材，如电线、电缆、导电螺钉、雷管、储存器及各种管道等
T2	≥99.90	0.001	0.005	0.10	
T3	≥99.70	0.002	0.010	0.30	电气开关、垫圈、垫片、铆钉、输油管等

表 3-18　常用普通黄铜的牌号、化学成分、性能特点及用途

牌号	化学成分(质量分数/%)		性能特点	用　途
	Cu	其他		
H90	88.0～91.0	余量 Zn	导热、导电性好，在大气和淡水中耐蚀性高，塑性良好，呈金黄色，有金色黄铜之称	供水及排水管、奖章、艺术品、水箱带及双金属片等
H68	67.0～70.0	余量 Zn	塑性极好，强度较高，切削加工性好，易焊接，是普通黄铜中应用最广泛的品种，有弹壳黄铜之称	制造复杂的冷冲件和深冲件，如散热器外壳、波纹管、雷管、子弹壳等
H62	60.5～63.5	余量 Zn	良好的力学性能，热态下塑性好，切削性好，易钎焊和焊接，耐蚀，有快削黄铜之称	销钉、铆钉、垫圈、螺母、气压表弹簧、导管、散热器零件等

表 3-19　常用特殊黄铜的牌号、化学成分、性能特点及用途

组别	牌　号	化学成分(质量分数/%)		性能特点	用　途
		Cu	其他		
铅黄铜	HPb59-1	57.0～60.0	Pb 0.8～1.9 余量 Zn	切削性好，良好的力学性能，能承受冷、热压力加工，易钎焊和焊接	以冲压和切削加工制作的各种结构零件，如螺钉、垫圈、衬套等
锡黄铜	HSn70-1	69.0～71.0	Sn 0.8～1.3 余量 Zn	在大气、蒸汽、油类和海水中有高的耐蚀性，良好的力学性能，易焊接和钎焊，冷、热压力加工性好	海轮上的耐蚀零件，与海水、蒸汽、油类接触的导管，热工设备零件

续表

组别	牌　号	化学成分(质量分数/%)		性能特点	用　途
		Cu	其他		
铝黄铜	HAl59-3-2	57.0～60.0	Al 2.5～3.5 Ni 2.0～3.0 余量 Zn	强度高,耐蚀性在黄铜中为最好,热态下压力加工性好	发动机和船舶业及其他在常温下工作的高强度耐蚀零件
锰黄铜	HMn58-2	57.0～60.0	Mn 1.0～2.0 余量 Zn	在海水和过热蒸汽、氯化物中有高耐蚀性,力学性能良好,热态下压力加工性好,导热、导电性低	腐蚀条件下工作的重要零件和弱电流工业用零件
硅黄铜	HSi80-3	79.0～81.0	Si 2.5～4.0 余量 Zn	良好的力学性能,耐蚀性好,冷、热压力加工性好,易焊接,导热、导电性低	船舶零件、蒸汽管和水管配件

表 3-20　常用铸造黄铜的牌号、力学性能及用途

牌　号	铸造方法	力学性能			用　途
		R_m/MPa	A/%	HBW	
ZCuZn38	S	≥295	≥30	≥59.0	一般结构件和耐蚀零件,如法兰、阀座、支架、手柄和螺母等
	J	≥295	≥30	≥68.5	
ZCuZn40Mn2	S	≥345	≥20	≥78.5	在空气、淡水、海水、蒸汽(小于 300 ℃)和各种液体燃料中工作的零件和阀体、阀杆、泵、管接头,以及需要浇注巴氏合金和镀锡的零件等
	J	≥390	≥25	≥88.5	
ZCuZn40Pb2	S	≥220	≥15	≥78.5	一般用途的耐磨、耐蚀零件,如轴套、齿轮等
	J	≥280	≥20	≥88.5	
ZCuZn16Si4	S	≥345	≥15	≥88.5	接触海水工作的管配件以及水泵、叶轮、旋塞,在大气、淡水、油、燃料以及工作压力在 4.5 MPa 和 250 ℃以下蒸汽中工作的零件

注:S—砂型铸造,J—金属型铸造。

表 3-21 常用白铜的牌号、性能特点及用途

类　别	代　号	性能特点	用　途
普通白铜	B19	高的耐蚀性和良好的力学性能,在高温和低温下保持高强度和塑性	用于在蒸汽、海水和淡水中工作的精密仪表零件、金属网和耐化学腐蚀的化工机械零件
铁白铜	BFe30-1-1	良好的力学性能,在海水、淡水和蒸汽中具有高耐蚀性,可加工性较差	用于海船制造业中高温、高压和高速条件下工作的冷凝器和恒温器的管材
锰白铜	BMn3-12	俗称锰铜,具有高的电阻率和低的电阻温度系数,电阻长期稳定性高	用于工作温度在 100 ℃以下的电阻仪器以及精密电工测量仪器
锌白铜	BZn15-20	外表为美丽的银白色,具有高的强度和耐蚀性,可塑性好,可加工性不好,焊接性差	用于潮湿条件下和强腐蚀性介质中工作的仪表零件及医疗器械、电信工业零件、蒸汽配件等

表 3-22 常用青铜的牌号、化学成分、力学性能及用途

组别	牌　号	Cu 以外成分(质量分数/%)	用　途
加工青铜	QSn4-3	Sn 3.5～4.5 Zn 2.7～3.3	弹簧、管配件和化工机械中的耐蚀、耐磨和抗磁零件
	QSn4-4-4	Sn 3.0～5.0 Pb 3.5～4.5 Zn 3.0～5.0	用于制造在摩擦条件下工作的轴承、轴套、衬套等
	QAlF	Al 6.0～8.0	重要用途的弹性元件
	QBe2	Be 1.8～2.1 Ni 0.2～0.5	重要用途的弹簧、弹性元件、耐磨件及在高速、高压、高温下工作的轴承、衬套等
	QSi3-1	Si 2.7～3.5 Mn 1.0～1.5	弹性元件;在腐蚀介质下工作的耐磨零件,如齿轮、涡轮等
铸造青铜	ZCuSn10Pb1	Sn 9.0～11.5 Pb 0.5～1.0	高负荷、高速耐磨零件,如轴瓦、衬套、齿轮等
	ZCuAl9Mn2	Al 8.0～10.0 Mn 1.5～2.5	耐磨、耐蚀零件,如齿轮、涡轮、衬套等

表 3-23　常用硬质合金的牌号、性能及用途

合金类别	牌号	性　能	用　途
钨钛钴合金	YT30	硬度、耐磨性等级 4，强度、韧性等级 1	适于碳素钢与合金钢工件的精加工，如小断面精车、精镗、精扩等
	YT15	硬度、耐磨性等级 3，强度、韧性等级 2	适于在碳素钢与合金钢加工中，连续切削时的粗车、半精车及精车，间断切削时的小断面精车，旋风车螺纹，连续面的半精铣与精铣，孔的粗扩与精扩
	YT14	硬度、耐磨性等级 2，强度、韧性等级 3	适于在碳素钢与合金钢加工中，不平整断面和连续切削时的粗车、间断切削时的半精车与精车，连续断面的粗铣，铸孔的扩钻与粗扩
	YT5	硬度、耐磨性等级 1，强度、韧性等级 4	适于碳素钢与合金钢（包括钢锻件、冲压件及铸件的表皮）加工不平整断面与间断切削时的粗车、粗刨、半精刨，非连续面的粗铣及钻孔
碳化钛基合金	YN05	硬度、耐磨性等级 2，强度、韧性等级 1	适于钢、铸钢件和合金铸铁的高速精加工，以及机床-工件-刀具系统刚性特别好的细长件加工
	YN10	硬度、耐磨性等级 1，强度、韧性等级 2	适于碳素钢、各种合金钢、工具钢、淬火钢等钢材的连续精加工
通用合金	YW1	硬度、耐磨性等级 2，强度、韧性等级 1	适于耐热钢、高锰钢、不锈钢等难加工钢材及普通钢和铸铁的加工
	YW2	硬度、耐磨性等级 1，强度、韧性等级 2	亦适于耐热钢、高锰钢、不锈钢及高级合金钢等特殊难加工钢材的加工、半精加工以及普通钢材和铸铁的加工
钨钴合金	YG3X	硬度、耐磨性等级 11，强度、韧性等级 1	适于铸铁、有色金属及其合金的精镗、精车等，亦可用于合金钢、淬火钢的精加工
	YG6A	硬度、耐磨性等级 10，强度、韧性等级 2	适于铸铁、有色金属及其合金的半精加工，亦适于高锰钢、淬火钢、合金钢的半精加工及精加工

【议一议】

活动一：简述常用硬质合金的种类及牌号。

活动二：记一记 5 种铜及铜合金牌号。

【做一做】

一、判断题(正确的打√,错误的打×)

1. 工业纯铝中杂质含量越高,其导电性、耐蚀性和塑性越低。 (　　)
2. 黄铜中锌含量越高,其强度也越高。 (　　)
3. 特殊黄铜是不含锌元素的黄铜。 (　　)
4. YG 类硬质合金刀具适合切削塑性材料。 (　　)

二、问答题

在刃磨硬质合金刀具时,能否与刃磨工具钢刀具一样采用水来冷却?

【评一评】

试用量化方式(评星)评价本节学习情况,并提出意见与建议。

学生自评:____

____

小组互评:____

____

老师点评:____

____

项目四 金属材料的选择

任务一　明确金属零件选材的一般原则与方法

【情境导入】

请讨论:如图 4-1 所示,小型汽车发动机齿轮应采用碳素钢还是合金钢,这两种钢性能有什么区别?

图 4-1　齿轮

【讲一讲】

一、机械零件材料选用的原则

机械零件材料选用的原则要考虑3个方面的要求。

1. 使用性能原则

(1)机械零件正确选材的使用性能原则

使用性能主要是指零件在使用状态下材料应该具有的机械性能、物理性能和化学性能。对于大量机器零件和工程构件,则主要是机械性能。对于一些特殊条件下工作的零件,则必须根据要求考虑到材料的物理、化学性能。材料的使用性能应满足使用要求。

(2)零件使用时的工作条件

受力状况:主要是载荷的类型(例如动载、静载、循环载荷或单调载荷等)和大小;载荷的形式;载荷的特点等。

环境状况:主要是温度特性、介质情况等。

特殊要求:如对导电性、磁性、热膨胀、密度、外观等的要求。

(3)零件根据使用性能选材的步骤

①通过对零件工作条件和失效形式的全面分析,确定零件对使用性能的要求。

②利用使用性能与实验室性能的相应关系,将使用性能具体转化为实验室机械性能指标。

③根据零件的几何形状、尺寸及工作中所承受的载荷,计算出零件中的应力分布。

④由工作应力、使用寿命或安全性与实验室性能指标的关系,确定对实验室性能指标要求的具体数值。

⑤利用手册根据使用性能选材。

2. 工艺性能原则

(1)性能要求不高的一般金属零件选材的工艺路线

毛坯→正火或退火→切削加工→零件。

(2)性能要求较高的金属零件选材的工艺路线

毛坯→预先热处理(正火、退火)→粗加工→最终热处理(淬火、回火,固溶时效或渗碳处理等)→精加工→零件。

(3)性能要求较高的精密金属零件选材的工艺路线

毛坯→预先热处理(正火、退火)→粗加工(最终热处理(淬火、低温回火、固溶、时效或渗碳)→半精加工→稳定化处理或氮化→精加工→稳定化处理→零件。

这类零件除了要求有较高的使用性能外,还要有很高的尺寸精度和表面光洁度。

3. 经济性原则

(1)材料的价格

零件材料的价格无疑应该尽量低。

材料的价格在产品的总成本中占有较大的比重,据有关资料统计,在许多工业部门中

可占产品价格的30%～70%，因此设计人员要十分关心材料的市场价格。

(2)零件的总成本

零件选用的材料必须保证其生产和使用的总成本最低。

零件的总成本与其使用寿命、质量、加工费用、研究费用、维修费用和材料价格有关。

(3)国家的资源

随着工业的发展，资源和能源的问题日渐突出，选用材料时必须对此有所考虑，特别是对于大批量生产的零件，所用材料应该来源丰富并顾及我国资源状况。

另外，还要注意生产所用材料的能源消耗，尽量选用耗能低的材料。

二、金属零件的选材及工艺路线分析

1. C616-416 车床主轴(图4-2)

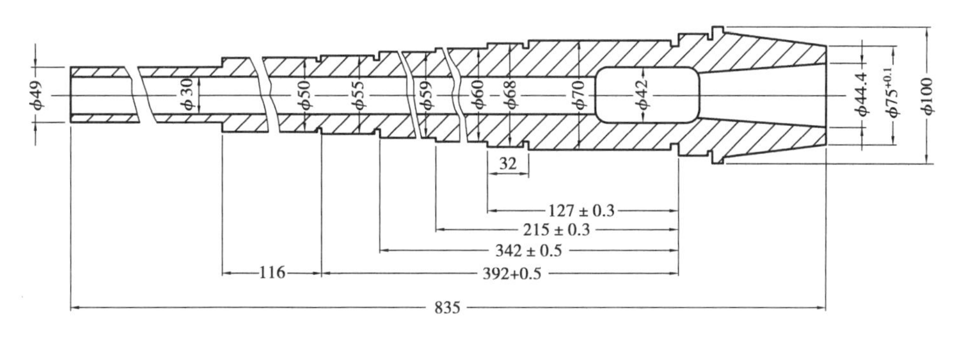

图4-2　车床主轴

(1)工作条件

①该轴在滚动轴承中运转。

②承受中等负荷，承受一定的冲击力。

③转速中等。

(2)技术要求

①整体调质后硬度应为200～230 HB，金相组织为回火索氏体。

②内锥孔和外圆锥面处硬度为45～50 HRC，表面3～5 mm内金相组织为回火屈氏体和少量回火马氏体。

③花键部分硬度48～50 HRC，金相组织同上。

(3)选材

45钢。

2. C616 机床齿轮

(1)工作条件

①工作负荷不太大。

②中速运转(6～10 m/s)。

(2)技术要求

①齿面硬度45～50 HRC，金相组织为回火索氏体。

②齿心部硬度 22 ~25 HRC,金相组织为回火马氏体。

(3)选材

40、45 钢。

3. JN-150 型载重汽车变速箱齿轮(图 4-3)

图 4-3　变速箱齿轮

(1)工作条件

①工作负荷大。

②高速运转(10 m/s 以上)。

③受冲击频繁,磨损较严重。

(2)技术要求

①齿面硬度 58 ~62 HRC,金相组织为回火马氏体 + 合金碳化物 + 残余奥氏体。

②齿心部硬度 35 ~45 HRC,金相组织为回火马氏体(低碳) + 铁素体 + 细珠光体。

(3)选材

20CrMnTi 钢。

4. YJ-130 汽车半轴(图 4-4)

(1)工作条件

①该轴在上坡或启动时,承受较大扭矩。

②承受一定的冲击力和具有较高的抗弯能力。

③承受反复弯曲疲劳应力。

(2)技术要求

①杆部硬度 37 ~44 HRC;盘部外圆硬度24 ~34 HRC;金相组织为回火索氏体和回火屈氏体。

图 4-4　汽车半轴

②弯曲度:杆中部 <1.8 mm;盘部跳动 <2.0 mm。

(3)选材

40Cr、42CrMo、40CrMnMo。

【议一议】

活动一:分组讨论根据使用性能选材步骤中的注意事项有哪些?

活动二：连连看，试将常见金属材料与实际应用连线匹配。

车床主轴	20CrMnTi 钢
C616 机床齿轮	45 钢
汽车半轴	40
载重汽车变速箱齿轮	40Cr

【做一做】

一、判断题（正确的打√，错误的打×）

1. 使用性能主要是指零件在使用状态下材料应该具有的机械性能、物理性能和化学性能。（　）

2. 经济性原则包含材料的价格、零件的总成本、国家的资源。（　）

3. C616 机床齿轮齿面为回火索氏体、齿心为回火马氏体。（　）

4. 汽车半轴承受一定的冲击力和具有较高的抗弯能力。（　）

5. 性能要求不高的一般金属零件选材的工艺路线为毛坯→正火或退火→切削加工→零件。（　）

二、简答题

分析轻型轿车传动轴选材。

【评一评】

试用量化方式（评星）评价本节学习情况，并提出意见与建议。

学生自评：____

____

小组互评：____

____

老师点评：____

____

任务二　熟悉常用机械零件材料的选择方法

【情境导入】

请讨论：如图 4-5 所示，汽车气门弹簧一般采用什么材料？

在机器制造中，影响产品质量和生产成本的因素很多，其中材料的选用是否恰当，往往起到关键的作用。在机械零件设计时，我们先是按照零件工作条件的要求选择材料，然后根据所选材料的力学性能和工艺性能确定零件的结构和尺寸。在制造零件时，我们再按照所用的材料制订加工工艺方案。常用机械零件怎么进行选材，又有哪些注意事项呢？

图 4-5　气门弹簧

【讲一讲】

一、齿轮选材

1. 齿轮的工作条件

①由于传递扭矩，齿根承受很大的交变弯曲应力。

②换挡、启动或啮合不均时，齿部承受一定冲击载荷。

③ 齿面相互滚动或滑动接触，承受很大的接触压应力及摩擦力的作用。

2. 齿轮的失效形式

- 疲劳断裂：主要从根部发生（图 4-6）。
- 齿面磨损：由于齿面接触区摩擦，使齿厚变小（图 4-7）。

图 4-6　螺旋伞齿轮根部弯曲疲劳断裂

图 4-7　齿面严重磨损，齿厚变小

- 齿面接触疲劳破坏：在交变接触应力作用下，齿面产生微裂纹，微裂纹的发展，引起点状剥落，或称麻点（图 4-8）。

- 过载断裂：主要是冲击载荷过大造成的断齿（图 4-9）。

图 4-8　齿面剥落

图 4-9　断齿（轮齿冲击断裂）

3. 齿轮材料的性能要求

①高的弯曲疲劳强度。

②高的接触疲劳强度和耐磨性。

③较高的强度和冲击韧性。

此外，还要求有较好的热处理工艺性能，如热处理变形小等。

4. 齿轮类零件的选材

齿轮材料要求的性能主要是疲劳强度，尤其是弯曲疲劳强度和接触疲劳强度。表面硬度越高，疲劳强度也越高。齿心应有足够的冲击韧性，目的是防止轮齿受冲击过载断裂。

从以上两方面考虑，选用低、中碳钢或其合金钢。它们经表面强化处理后，表面有高的强度和硬度，心部有好的韧性，能满足使用要求。此外，这类钢的工艺性能好，经济上也较合理，所以是比较理想的材料。

5. 典型齿轮选材举例

（1）机床齿轮（C616）

服役条件：

①工作负荷不太大。

②中速运转（6 ~ 10 m/s）。

技术要求：

①齿面硬度 45 ~ 50 HRC。

②齿心部硬度 22 ~ 25 HRC。

选材：

40 钢；45 钢。

加工工艺路线：

下料→锻造→正火→粗加工→调质→半精加工→高频淬火 + 低温回火→精磨。

（2）汽车、拖拉机齿轮

服役条件：

①工作负荷大。

②高速运转（ > 10 ~ 15 m/s）。

③受冲击频繁，磨损较严重。

技术要求：
①齿面硬度 58 ~ 62 HRC。
②齿心部硬度 35 ~ 45 HRC。
选材：
20Cr；20CrMnTi。
加工工艺路线：
下料→锻造→正火→机械加工→渗碳→淬火 + 低温回火→喷丸→磨齿。

二、轴类零件选材

1. 轴类零件的工作条件
①工作时主要受交变弯曲和扭转应力的复合作用。
②轴与轴上零件有相对运动，相互间存在摩擦和磨损。
③轴在高速运转过程中会产生振动，使轴承受冲击载荷。
④多数轴会承受一定的过载载荷。
2. 轴类零件的失效方式(图 4-10)
①长期交变载荷下的疲劳断裂(包括扭转疲劳和弯曲疲劳断裂)。
②大载荷或冲击载荷作用引起的过量变形、断裂。
③与其他零件相对运动时产生的表面过度磨损。
3. 轴类零件的性能要求
①良好的综合机械性能，足够强度、塑性和一定韧性，以防过载断裂、冲击断裂。
②高疲劳强度，对应力集中敏感性低，以防疲劳断裂。
③足够淬透性，热处理后表面要有高硬度、高耐磨性，以防磨损失效。
④良好切削加工性能，价格便宜。

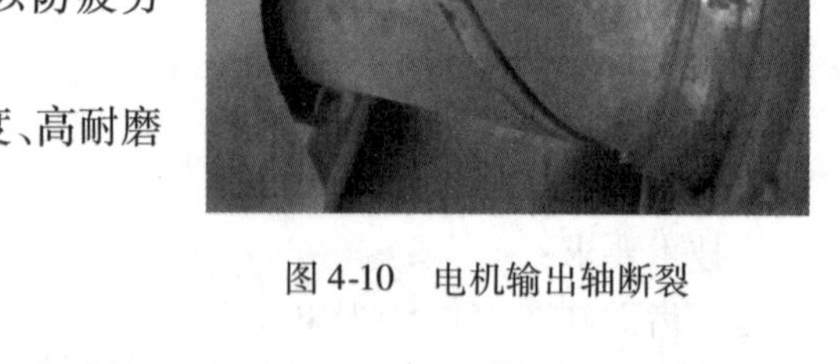
图 4-10　电机输出轴断裂

4. 轴类零件材料及选材方法
①材料：经锻造或轧制的低、中碳钢或合金钢制造(兼顾强度和韧性，同时考虑疲劳抗力)；一般轴类零件使用碳钢(便宜，有一定综合机械性能、对应力集中敏感性较小)，如35、40、45、50 钢，经正火、调质或表面淬火热处理改善性能；载荷较大并要限制轴的外形、尺寸和质量，或轴颈的耐磨性等要求高时采用合金钢，如 40Cr、40MnB、40CrNiMo、20Cr、20CrMnTi 等；也可以采用球墨铸铁和高强度灰铸铁作曲轴的材料。
②选择原则：根据载荷大小、类型等决定。主要是受扭转、弯曲的轴，可不用淬透性高的钢种；受轴向载荷轴，因心部受力较大，应具有较高淬透性。
5. 典型轴的选材
(1)130 型重载汽车半轴(图 4-11)
服役条件：

①该轴在上坡或启动时，承受较大扭矩。
②承受一定的冲击力。
③承受反复弯曲疲劳应力。
技术要求：
①足够的抗弯强度、疲劳强度。
②较好的韧性。
③杆部硬度 37～44 HRC，盘部外圆硬度 24～34 HRC，金相组织为 S 回和 T 回。
选材：
- 中型载重汽车半轴：45Cr、40Cr。
- 重型载重汽车半轴：40CrMnMo。

加工工艺路线(40Cr)：
下料→锻造→正火 →粗加工→调质→半精加工→精加工→ 盘部钻孔→磨花键。
(2)内燃机曲轴(图 4-12)

图 4-11　重载汽车半轴

图 4-12　曲轴

服役条件：
①曲轴受弯曲、扭转、剪切、拉压、冲击等交变应力。
②承受曲轴的扭转和弯曲振动，产生附加应力。
③承受分布不均匀的应力；曲轴颈与轴承滑动摩擦力。
技术要求：
①有一定的冲击韧性、足够弯曲、扭转疲劳强度和刚度。
②轴颈表面有高硬度和耐磨性。
选材：
- 锻钢曲轴：优质中碳钢和中碳合金钢，如 35、40、45、35Mn2、40Cr、35CrMo。
- 铸造曲轴：铸钢、球墨铸铁、珠光体可锻铸铁及合金铸铁等，如 ZG25、QT600-3、QT700-2 、KTZ450-5、KTZ500-4 等。

加工工艺路线(40Cr)：
下料→锻造→正火 →粗加工→调质→半精加工→精加工→ 盘部钻孔→磨花键。

三、弹簧选材

弹簧是一种重要的机械零件，它的基本作用是利用材料的弹性和弹簧本身的结构特点,在载荷作用下产生变形时,把机械功或动能转变为形变能;在恢复变形时,把形变能转变为动能或机械功。

弹簧按形状分主要有螺旋弹簧(压缩、拉伸、扭转弹簧)、板弹簧、片弹簧和蜗卷弹簧等几种(图 4-13)。

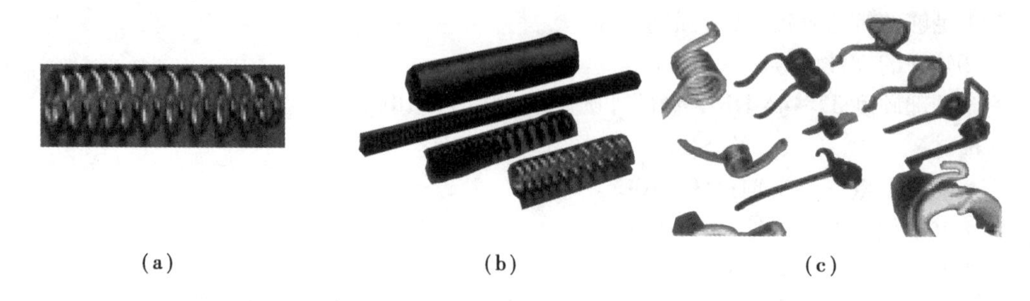

(a) (b) (c)

图 4-13 弹簧

(a)压缩螺旋弹簧;(b)拉伸螺旋弹簧;(c) 扭转螺旋弹簧

1. 弹簧的用途

①缓冲或减振:如汽车、拖拉机、火车中使用的悬挂弹簧。

②定位:如机床及其夹具中利用弹簧将定位销(或滚珠)压在定位孔(或槽)中。

③复原:外力去除后自动恢复到原来位置,如汽车发动机中的气门弹簧。

④储存和释放能量:如钟表、玩具中的发条。

⑤测力:如弹簧秤、测力计中使用的弹簧。

2. 弹簧的工作条件

①弹簧在外力作用下压缩、拉伸、扭转时,材料将承受弯曲应力或扭转应力。

②缓冲、减振或复原用的弹簧承受交变应力和冲击载荷的作用。

③某些弹簧受到腐蚀介质和高温的作用。

3. 弹簧的失效形式

• 塑性变形:在外载荷作用下,材料内部产生的弯曲应力或扭转应力超过材料本身的屈服应力后,弹簧发生塑性变形。外载荷去掉后,弹簧不能恢复到原始尺寸和形状。

• 疲劳断裂:在交变应力作用下,弹簧表面缺陷(裂纹、折叠、刻痕、夹杂物)处产生疲劳源,裂纹扩展后造成断裂失效。

• 快速脆性断裂:某些弹簧存在材料缺陷(如粗大夹杂物,过多脆性相)、加工缺陷(如折叠、划痕)、热处理缺陷(淬火温度过高导致晶粒粗大,回火温度不足使材料韧性不够)等,当受到过大的冲击载荷时,发生突然脆性断裂。

• 腐蚀断裂及永久变形:在腐蚀性介质中使用的弹簧易产生应力腐蚀断裂失效。高温使弹簧材料的弹性模量和承载能力下降,高温下使用的弹簧易出现蠕变和应力松弛,产生永久变形。

4. 弹簧材料的性能要求

①高的弹性极限 σ_e 和高的屈强比 σ_s/σ_b。弹簧工作时不允许有永久变形,因此要求弹簧的工作应力不超过材料的弹性极限。弹性极限越大,弹簧可承受的外载荷越大。对

于承受重载荷的弹簧,如汽车板簧、火车螺旋弹簧等,其材料需要高的弹性极限。

当材料直径相同时,碳素弹簧钢丝和合金弹簧钢丝的抗拉强度相差很小,但屈强比差别较大。65 钢为 0.7、60Si2Mn 钢为 0.75、50CrVA 钢为 0.9。屈强比高,弹簧可承受更高的应力。

②高的疲劳强度。弯曲疲劳强度和扭转疲劳强度越大,则弹簧的抗疲劳性能越好。

③好的材质和表面质量。夹杂物含量少,晶粒细小,表面质量好,缺陷少,对提高弹簧的疲劳寿命和抗脆性断裂十分重要。

④某些弹簧需要材料有良好的耐蚀性和耐热性。保证在腐蚀性介质和高温条件下的使用性能。

5. 弹簧的选材

①弹簧钢:根据生产特点的不同,分为两大类:

• 热轧弹簧用材:通过热轧方法加工成圆钢、方钢、盘条、扁钢,制造尺寸较大,承载较重的螺旋弹簧或板簧。弹簧热成型后要进行淬火及回火处理。

• 冷轧(拔)弹簧用材:以盘条、钢丝或薄钢带(片)供应,用来制作小型冷成型螺旋弹簧、片簧、蜗卷弹簧等。

②不锈钢:0Cr18Ni9、1Cr18Ni9、1Cr18Ni9Ti 通过冷轧(拔)加工成带或丝材, 制造在腐蚀性介质中使用的弹簧。

③黄铜、锡青铜、铝青铜、铍青铜:具有良好的导电性、非磁性、耐蚀性、耐低温性及弹性,用于制造电器、仪表弹簧及在腐蚀性介质中工作的弹性元件。

6. 典型弹簧选材

(1)汽车板簧(图 4-14)

图 4-14　汽车板簧

用途及性能要求:

用于缓冲和吸振,承受很大的交变应力和冲击载荷的作用,需要高的屈服强度和疲劳强度。

选材:

• 轻型汽车选用 65Mn、60Si2Mn 钢制造。

• 中型或重型汽车, 板簧用 50CrMn、55SiMnVB 钢。

• 重型载重汽车大截面板簧用 55SiMnMoV、55SiMnMoVNb 钢制造。

加工工艺路线:

热轧钢带(板)冲裁下料→压力成形→淬火→中温回火→喷丸强化。

• 淬火:温度为 850 ~ 860 ℃(60Si2Mn 钢为 870 ℃), 采用油冷, 淬火后组织为马氏体。

● 回火:温度为 420 ~ 500 ℃,组织为回火屈氏体。屈服强度 $R_{p0.2}$ 不低于 1 100 MPa,硬度为 42 ~ 47 HRC,冲击韧性 a_k 为 250 ~ 300 kJ/m^2。

(2)火车螺旋弹簧(图 4-15)

图 4-15 螺旋弹簧

用途及性能要求:

机车和车厢的缓冲和吸振,其使用条件和性能要求与汽车板簧相近。

选材:

50CrMn、55SiMnMoV。

加工工艺路线:

热轧钢棒下料→两头制扁→热卷成形→淬火→中温回火→喷丸强化→端面磨平。

淬火与回火工艺同汽车板簧。

(3)气门弹簧(图 4-16)

图 4-16 气门弹簧

用途 :

内燃机气门弹簧是一种压缩螺旋弹簧,其用途是在凸轮、摇臂或挺杆的联合作用下,使气门打开和关闭,承受应力不是很大,可采用淬透性比较好、晶粒细小、有一定耐热性的 50CrVA 钢制造。

加工工艺路线：

冷卷成形→淬火→中温回火→喷丸强化→两端磨平。

将冷拔退火后的盘条校直后用自动卷簧机卷制成螺旋状，切断后两端并紧，经 850 ~ 860 ℃加热后油淬，再经 520 ℃回火，组织为回火屈氏体，喷丸后两端磨平。弹簧弹性好，屈服强度和疲劳强度高，有一定的耐热性。

气门弹簧也可用冷拔后经油淬及回火后的钢丝制造，绕制后经 300 ~ 350 ℃加热消除冷卷弹簧时产生的内应力。

【议一议】

活动一：记一记齿轮常见的失效形式。

活动二：记一记轴类零件常见的失效方式。

活动三：分组讨论轻型轿车传动轴如何选材。

活动四：分组讨论气门弹簧如何选材。

【做一做】

简答题

1. 列举两种常用零件并分析如何选材。

2. 分析轻型轿车半轴如何选材。

【评一评】

试用量化方式（评星）评价本节学习情况，并提出意见与建议。

学生自评：________________________________

小组互评：________________________________

老师点评：________________________________

任务三　熟悉工量刃具材料的选择方法

【情境导入】

请讨论:如图4-17所示,游标卡尺测量精度较高,设计制造游标卡尺时应如何选材?

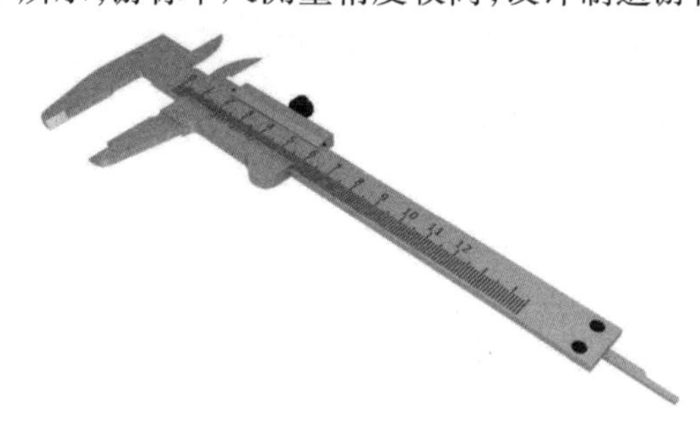

图4-17　游标卡尺

对于一种工具,选用什么样的钢材合理,应从工具的工作条件、失效形式及性能要求出发去选择合适的钢种,制订正确的热处理工艺,同时考虑工具钢的工艺性。工量刃具应该如何进行正确选材才能满足其性能要求,有哪些注意事项呢?

【讲一讲】

零件或工具在使用一定时间之后必然会产生失效。所谓失效,是指零件或工具丧失规定的功能的现象。

一、零件的失效

1. 零件的失效形式:

- 断裂失效:零件完全断裂而无法工作。
- 过量变形失效:零件的变形量超过了允许的范围。
- 表面损伤失效:零件在工作中,因机械和化学作用,使其表面损伤而造成的失效。

一个零件的失效可能有几种形式,也可以是相互组合而成的联合失效形式,但只有一种起决定性作用。

2. 零件的失效原因

- 设计原因:对零件的工作条件估计错误,安全系数过小、计算错误等,零件的结构形状、尺寸等设计不合理。
- 选材问题:选择材料错误,容易造成所选材料的性能不能满足使用要求;所选材料质量不合格等原因引起零件的失效。
- 加工工艺不当:采用的工艺方法、工艺参数、技术措施不正确,可能产生铸造缺陷、锻造缺陷、焊接缺陷、切削加工缺陷和热处理缺陷。

• 安装使用不正确：机械在装配、安装过程中不按技术要求，使用过程中不按规程操作、保养、维修，超载使用等。

二、零件的选材

1. 选材的基本原则

①材料性能应满足使用要求：选材时，首先要考虑零件在使用中安全可靠。

②材料应有良好的工艺性能：工艺性是指材料是否容易加工成形的性能，包括铸造性、锻压性、可焊性、切削加工性、热处理工艺性等。

③材料的经济性：经济性是指所选材料加工成零件后的成本高低，主要包括材料费用、加工费用、管理费用、运输费、安装费、维修保养费用等。

2. 选材的方法

• 以综合力学性能为主时的选材：主要失效形式是过量变形，一般可选用中碳钢或中碳合金钢，采用调质处理或正火处理。

• 以疲劳强度为主时的选材：主要失效形式是疲劳破坏，对承载较大的零件选用淬透性要求较高的材料。调质钢进行表面淬火、渗碳钢进行渗碳淬火、氮化钢进行氮化以及喷丸、滚压等处理。

• 以磨损为主时的选材：常用高碳钢和合金工具钢经淬火和低温回火处理。

三、工量刃具钢的选材

工具钢是用以制造各种加工工具的钢种。根据用途不同，工具钢可分为刃具用钢、模具用钢和量具用钢；按化学成分不同，工具钢又可分为碳素工具钢、合金工具钢和高速钢。

为了使工具钢尤其是刃具钢具有高的硬度，通常都使其含有较高的碳，以保证淬火后获得高碳马氏体，从而得到高的硬度和切断抗力。此外，高的含碳量还可以形成足够数量的碳化物以保证高的耐磨性。所加入的合金元素主要是使钢具有高硬度和高耐磨性的一些碳化物形成元素如 Cr、W、Mo、V 等，有时也加入 Mn 和 Si，其目的主要是增加钢的淬透性以达到减少钢在热处理时的变形，同时增加钢回火稳定性。对于切削速度较高的刃具常加入较多的 W、Mo、V、Co 等合金元素，以提高钢的红硬性。

对于一种工具，选用什么样的钢材合理？首先应从工具的工作条件、失效形式及性能要求出发，然后选择合适的钢种，最后再制订正确的热处理工艺，同时还应考虑工具钢的工艺性能包括热加工性能、切削加工性能和热处理工艺性能，如钢的淬透性、淬硬性、过热敏感性、脱碳倾向性和热处理变形性能等。

1. 刃具用钢

刃具钢是用来制造各种切削加工工具的钢种，刃具（图 4-18）的种类繁多，如车刀、铣刀、刨刀、钻头、丝锥及板牙等。其中车刀最具有代表性，车刀的工作条件基本能反映各类刃具工作条件的特点。

图 4-18 刃具

(1)刃具钢的工作条件

刃具在切削过程中,刀刃与工件表面金属相互作用,使切屑产生变形与断裂,并从工件整体上剥离下来。故刀刃本身不仅承受弯曲、扭转、剪切应力、冲击和振动等负荷作用,同时还要受到工件和切屑的强烈摩擦作用。由于切屑层金属的变形以及刃具与工件、切屑层金属的摩擦产生大量的摩擦热,均使刃具温度升高,切削速度越快,则刃具的温度越高,有时刀刃温度可达 600 ℃。

(2)刃具钢的失效形式

有的刃具刀刃处受压弯曲;有的刃具受强烈振动、冲击时崩落一块(即崩刃);有的小型刃具整体折断等。这些情况毕竟比较少见,刃具较普遍的失效形式是磨损,当刃具磨削到一定程度后就不能正常工作了,否则会影响加工质量。

(3)刃具钢的性能要求

①为了保证刀刃能切削工件并防止卷刃,必须使刃具具有高于被切削材料的硬度(一般应在 60 HRC 以上,加工软材料时可为 45 ~ 55 HRC),故刃具钢应是以高碳马氏体为基体的组织。

②为了保证刃具的使用寿命,应当要求有足够的耐磨性。高的耐磨性不仅决定于高硬度,同时也决定于钢的组织。在马氏体基体上分布着弥散的碳化物,尤其是各种合金碳化物能有效地提高刃具钢的耐磨损能力。

③由于在各种形式的切削加工过程中,刃具承受着冲击、振动等作用,应当要求刃具有足够的塑性和韧性,以防止使用中崩刃或折断。

④为了使刃具能承受切削热的作用,防止在使用过程中因温度升高而导致硬度下降,应要求刃具有高的红硬性。钢的红硬性是指钢在受热条件下,仍能保持足够高的硬度和切削能力,这种性能称为钢的红硬性。红硬性可以用多次高温回火后在室温条件下测得的硬度值来表示,所以红硬性是钢抵抗多次高温回火软化的能力,实质上这是一个回火抗力的问题。

上述 4 点是对刃具钢的一般使用性能要求,而视使用条件的不同可以有所侧重。例如,锉刀不一定需要很高的红硬性;而钻头工作时,其内部热量散失困难,所以对红硬性要求很高。

2. 刃具钢的钢种衍变

通常按照使用情况及相应的性能要求不同，将刃具钢分为碳素工具钢、合金工具钢和高速钢三类。

(1)碳素刃具钢

碳素刃具钢具有高硬度和高耐磨性。高硬度是保证进行切削的基本条件；高耐磨性可保证刃具有一定的寿命，即耐用度。其含碳量范围为0.65%～1.35%，属高碳钢，包括亚共析钢、共析钢和过共析钢。

常用的碳素刃具钢的成分、性能和用途如下所示。

- T7/T7A：承受冲击，韧性较好，硬度适当的工具，如扁铲、手钳、大锤、木工工具。
- T8/T8A：承受冲击，韧性较好，硬度适当的工具，如扁铲、手钳、大锤、木工工具。
- T8Mn/T8MnA：承受冲击，韧性较好，硬度适当的工具，如扁铲、手钳、大锤、木工工具，但淬透性较大，可制断面较大的工具。
- T9/T9A：韧性中等、硬度高的工具，如冲头、木工工具、凿岩工具。
- T10/T10A：不受剧烈冲击，高硬度耐磨的工具，如车刀、刨刀、丝锥、钻头、手锯条。
- T11/T11A：不受剧烈冲击，高硬度耐磨的工具，如车刀、刨刀、丝锥、钻头、手锯条。
- T12/T12A：不受剧烈冲击，高硬度耐磨的工具，如锉刀、刮刀、丝锥、精车刀、量具。
- T13/T13A：不受冲击，高硬度耐磨的工具，如锉刀、刮刀、丝锥、精车刀，量具要求更高耐磨的工具，如刮刀、锉刀。

碳素工具钢淬透性低、红硬性差、耐磨性不够高，所以只能用来制造切屑量小、切削速度较低的小型刃具，常用来加工硬度低的软金属或非金属材质。对于重负荷、尺寸较大、形状复杂、工作温度超过200 ℃的刃具，碳素刃具钢就满足不了工作的要求，在制造这类刃具时应采用合金刃具钢，但碳素刃具钢成本低，在生产中应尽量考虑选用。

(2)合金刃具钢

合金刃具钢是在碳素刃具钢的基础上加入某些合金元素而发展起来的。其目的是克服碳素刃具钢的淬透性低、红硬性差、耐磨性不足的缺点。合金刃具钢的含碳量为0.75%～1.5%，合金元素总量则在5%以下，所以又称低合金刃具钢。加入的合金元素为Cr、Mn、Si、W和V等。其中Cr、Mn、Si主要是提高钢的淬造性，同时强化马氏体基体，提高回火稳定性；W和V还可以细化晶粒；Cr、Mn等可溶入渗碳体，形成合金渗碳体，有利于钢耐磨性的提高。

合金刃具钢的特点有：淬透性较碳素刃具钢好，淬火冷却可在油中进行，放热处理变形和开裂倾向小，耐磨性和红硬性也有所提高。但合金元素的加入，提高了钢的临界点，故一般淬火温度较高，使脱碳倾向增大。

合金刃具钢主要用于制作：

①截面尺寸较大且形状复杂的刃具。

②精密的刃具。

③切削刃在心部的刃具，此时要求钢的组织均匀性要好。

④切削速度较大的刃具等。

合金刃具钢分为两个体系

• 提高钢的淬透性的要求，发展了 Cr、Cr2、9SiCr 和 CrWMn 等钢。其中 9SiCr 钢在抽中淬火淬造直径可达 40 ~ 50 mm，适宜制造薄刃或切削刀在心部的工具，如板牙、滚丝轮、丝锥等。

• 提高耐磨性的要求，发展了 Cr06、W、W2 及 CrW5 等钢。其中 CrW5 又称钻石钢，在水中冷却时，硬度可达 67 ~ 68 HRC，主要用于制作截面尺寸不大(5 ~ 15 mm)、形状简单又要求高硬度、高耐磨性的工具，如雕刻工具及切削硬材料的刃具。

由此可知，合金刃具钢解决了淬透性低、耐磨性不足等缺点，由于合金刃具钢所加合金元素数量不多，仍属于低合金范围，其红硬性虽比碳素刃具钢高，但仍满足不了生产要求，故发展了高速钢。

(3)高速钢

高速钢是一种高碳且含有大量 W、Mo、Cr、V、Co 等合金元素的合金刃具钢。

高速钢经热处理后，在 600 ℃以下仍然保持高的硬度，可达 60 HRC 以上，故可在较高温度条件下保持高速切削能力和高耐磨性。同时具有足够高的强度，并兼有适当的塑性和韧性，这是其他超硬工具材料所无法比拟的。高速钢还具有很高的淬透性，中小型刃具甚至在空气中冷却也能淬透，故有风钢之称。

同碳素刃具钢和合金刃具钢相比，高速钢的切削速度可提高 2 ~ 4 倍，刃具寿命提高 8 ~ 15 倍。

高速钢的化学成分大致范围为 C 0.7% ~ 1.65%、W 0% ~ 12%、Mo 0% ~ 10%、Cr 约 4%、V 1% ~ 5% 及 Co 0% ~ 12%，高速钢中也往往含有其他合金元素如 Al、Nb、Ti、Si 及稀土元素，总量小于 2%。

高速钢广泛用于制造尺寸大、切削速度快、负荷重及工作温度高的各种机加工工具，如车刀、刨刀、拉刀、钻头等。此外，高速钢还可应用在模具及一些特殊轴承方面。总之，由于高速钢在硬度、耐磨性、红硬性等方面的优异性能，现代工具材料高速钢仍占刃具材料总量的 65% 以上，而产值则占 70% 左右。所以高速钢自问世以来，经百年使用而不衰。

3. 量具用钢

量具(图 4-19)是用来度量工件尺寸的工具，如卡尺、块规、塞规及千分尺等。

(1)量具的工作条件

量具在使用过程中经常受到工件的摩擦与碰撞，必须具备非常高的尺寸精确性和恒定性。

(2)量具钢的性能要求

①高硬度和高耐磨性。以此保证在长期使用中不致被很快磨损，而失去其精度。

②高的尺寸稳定性。以保证量具在使用和存放过程中保持其形状和尺寸的恒定。

③足够的韧性。以保证量具在使用时不致因偶然因素——碰撞而损坏。

④在特殊环境下具有抗腐蚀性。

(3)常用量具用钢

根据量具的种类及精度要求，量具可选用不同的钢种。

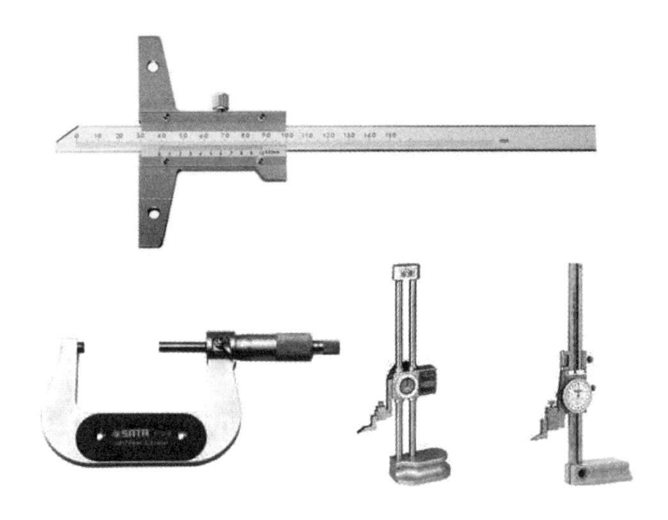

图 4-19　量具

• 形状简单、精度要求不高的量具：可选用碳素工具钢，如 T10A、T11A、T12A。由于碳素工具钢的淬透性低，尺寸大的量具采用水淬会引起较大的变形。因此，这类钢只能制造尺寸小、形状简单、精度要求较低的卡尺、样板、量规等量具。

• 精度要求较高的量具：如块规、塞规料通常选用高碳低合金工具钢，如 Cr2、CrMn、CrWMn 及轴承钢 GCr15 等。由于这类钢是在高碳钢中加入 Cr、Mn、W 等合金元素，故可以提高淬透性、减少淬火变形、提高钢的耐磨性和尺寸稳定性。

• 形状简单、精度不高、使用中易受冲击的量具：如简单平样板、卡规、直尺及大型量具，可采用渗碳钢 15、20、15Cr、20Cr 等。但量具须经渗碳、淬火及低温回火后使用，经上述处理后，表面具有高硬度、高耐磨性、心部保持足够的韧性。也可采用中碳钢 50、55 、60、65 制造量具，但须经调质处理，再经高频淬火、回火后使用，亦可保证量具的精度。

• 在腐蚀条件下工作的量具：可选用不锈钢 4Cr13、9Cr18 制造。经淬火、回火处理后可使其硬度达到 56 ~ 58 HRC，同时可保证量具具有良好的耐腐蚀性和足够的耐磨性。

• 若量具要求特别高的耐磨性和尺寸稳定性：可选渗氮钢 38CrMoAl 或冷作模具钢 Cr12MoV。

3CrMoAl 钢经调质处理后精加工成形，然后再氯化处理，最后需进行研磨。Cr12MoV 钢经调质或淬火、回火后再进行表面渗氮或碳、氮共渗。两种钢经上述热处理后，可使量具具有高耐磨性、高抗蚀性和高尺寸稳定性。

【议一议】

活动一：记一记零件常见的失效形式。

【做一做】

简答题

1. 列举3种量具钢材料。

2. 对比分析工刃量具钢对材料性能要求的区别。

【评一评】

试用量化方式(评星)评价本节学习情况,并提出意见与建议。

学生自评:____

____

小组互评:____

____

老师点评:____

____

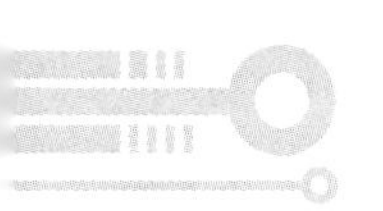

项目五

钢的热处理常识与应用

任务一　识记钢的热处理常识

【情境导入】

请讨论：如图 5-1 所示，为什么含碳量相同的钢经过不同热处理的性能不同？常见的热处理方法又有哪些？

图 5-1　钢管

【讲一讲】

在铸造、压力加工和焊接成形过程中，不可避免地存在组织缺陷。对金属材料进行热处理主要源于提高其综合力学性能，符合材料在设计和制备过程中所遵循的“成分—组织—性能”的原则。

一、钢的热处理

钢的热处理是将钢在固态下加热到一定温度，然后经保温和冷却，以获得所需要的组织结构与性能的工艺。

二、热处理的常用方法

根据加热和冷却的方法不同,把热处理分为普通热处理和表面热处理。常用的普通热处理方法有退火、正火、淬火和回火,表面热处理有表面淬火和化学热处理。

三、热处理的工艺曲线

热处理的方法虽然很多,但热处理工艺一般是由加热、保温和冷却 3 个阶段组成,如图 5-2 所示。

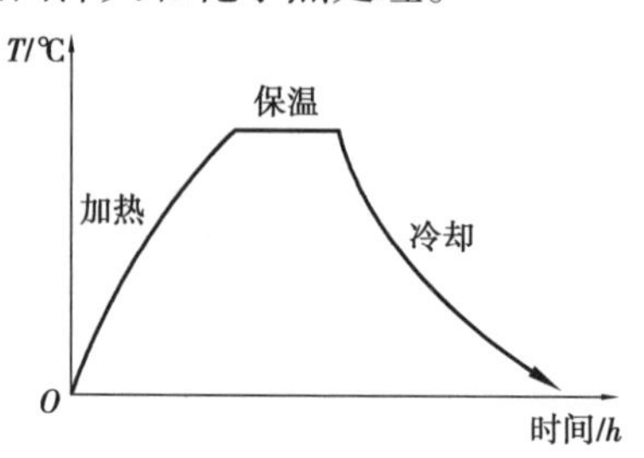

图 5-2　热处理工艺曲线

四、钢铁材料的一般热处理

钢铁材料的一般热处理类型、过程和目的见表 5-1。

表 5-1　常见热处理工艺

名　称		热处理过程	热处理目的
1. 退火		将钢件加热到一定温度,保温一定时间,然后缓慢冷却到室温	①降低钢的硬度,提高塑性,以利于切削加工及冷变形加工 ②细化晶粒,均匀钢的组织,改善钢的性能及为以后的热处理做准备 ③消除钢中的内应力,防止零件加工后变形及开裂
退火类别	(1)完全退火	将钢件加热到临界温度(不同钢材临界温度也不同,一般是 710 ~ 750 ℃,个别合金钢的临界温度有 800 ~ 900 ℃)以上 30 ~ 50 ℃,保温一定时间,然后随炉缓慢冷却(或埋在沙中冷却)	细化晶粒,均匀组织,降低硬度,充分消除内应力。完全退火适用于含碳量(质量分数)在 0.8% 以下的锻件或铸钢件
	(2)球化退火	将钢件加热到临界温度以上 20 ~ 30 ℃,经过保温以后,缓慢冷却至 500 ℃以下再出炉空冷	降低钢的硬度,改善切削性能,并为以后淬火做准备,以减少淬火后变形和开裂。球化退火适用于含碳量(质量分数)大于 0.8% 的碳素钢和合金工具钢
	(3)去应力退火	将钢件加热到 500 ~ 650 ℃,保温一定时间,然后缓慢冷却(一般采用随炉冷却)	消除钢件焊接和冷校直时产生的内应力,消除精密零件切削加工时产生的内应力,以防止以后加工和使用过程中发生变形。去应力退火适用于各种铸件、锻件、焊接件和冷挤压件等

续表

名称		热处理过程	热处理目的
2. 正火		将钢件加热到临界温度以上40～60 ℃，保温一定时间，然后在空气中冷却	①改善组织结构和切削加工性能 ②对机械性能要求不高的零件，常用正火作为最终热处理 ③消除内应力
3. 淬火		将钢件加热到淬火温度，保温一段时间，然后在水、盐水或油（个别材料在空气中）中急速冷却	①使钢件获得较高的硬度和耐磨性 ②使钢件在回火以后得到某种特殊性能，如较高的强度、弹性和韧性等
淬火类别	(1)单液淬火	将钢件加热到淬火温度，经过保温以后，在一种淬火剂中冷却。单液淬火只适用于形状比较简单，技术要求不太高的碳素钢及合金钢件。淬火时，对于直径或厚度大于5 mm的碳素钢件，选用盐水或水冷却；合金钢件选用油冷却	易于实现自动化和机械化，适合于小尺寸且形状简单的工件
	(2)双液淬火	将钢件加热到淬火温度，经过保温以后，先在水中快速冷却至300～400 ℃，然后移入油中冷却	钢中碳化物细小而分布均匀，基本上消除了常规工艺难以消除的带状碳化物。优点是能克服模具早期断裂失效，对改善耐热疲劳性等有明显的帮助，同时缩短了生产周期，节约了能源
	(3)火焰表面淬火	用乙炔和氧气混合燃烧的火焰喷射到零件表面，使零件迅速加热到淬火温度，然后立即用水向零件表面喷射	火焰表面淬火适用于单件或小批生产、表面要求硬而耐磨，并能承受冲击载荷的大型中碳钢和中碳合金钢件，如曲轴、齿轮和导轨等
	(4)表面感应淬火	将钢件放在感应器中，感应器在一定频率的交流电作用下产生磁场，钢件在磁场作用下产生感应电流，使钢件表面迅速加热（2～10 min）到淬火温度，这时立即将水喷射到钢件表面	经表面感应淬火的零件，表面硬而耐磨，而心部保持着较好的强度和韧性 表面感应淬火适用于中碳钢和中等含碳量的合金钢件
4. 回火		将淬火后的钢件加热到临界温度以下，保温一段时间，然后在空气或油中冷却，回火是紧接着淬火以后进行的，也是热处理的最后一道工序	①获得所需的力学性能。在通常情况下，零件淬火后的强度和硬度有很大提高，但塑性和韧性却有明显降低，而零件的实际工作条件要求有良好的强度和韧性。选择适当的回火温度进行回火后，可以获得所需的力学性能 ②稳定组织，稳定尺寸 ③消除内应力

续表

名　称		热处理过程	热处理目的
回火类别	(1)低温回火	将淬硬的钢件加热到150～500 ℃，并在这个温度保温一定时间，然后在空气中冷却	消除钢件因淬火而产生的内应力，多用于切削刀具、量具、模具、滚动轴承和渗碳零件等
	(2)中温回火	将淬火的钢件加热到350～450 ℃，经保温一段时间冷却下来	使钢件获得较高的弹性、一定的韧性和硬度，一般用于各类弹簧及热冲模等零件
	(3)高温回火	将淬火后的钢件加热到500～650 ℃，经过保温以后冷却	使钢件获得较好的综合力学性能，即较高的强度和韧性及足够的硬度，消除钢件因淬火而产生的内应力。高温回火主要用于要求高强度、高韧性的重要结构零件，如主轴、曲轴、凸轮、齿轮和连杆等
5.调质		将淬火后的钢件进行高温(500～600 ℃)回火	细化晶粒，使钢件获得较高韧性和足够的强度，使其具有良好的综合力学性能。调质多用于重要的结构零件，如轴类、齿轮、连杆等调质一般是在粗加工之后进行的
6.时效处理	(1)人工时效	将经过淬火的钢件加热到100～160 ℃，经过长时间的保温，随后冷却	消除内应力，减少零件变形，稳定尺寸，对精度要求较高的零件更为重要
	(2)自然时效	将铸件放在露天；钢件(如长轴、丝杠等)放在海水中或长期悬吊或轻轻敲打，要经自然时效的零件，最好先进行粗加工	
7.化学热处理		将钢件放到含有某些活性原子(如碳、氮、铬等)的化学介质中	通过加热、保温、冷却等方法，使介质中的某些原子渗入钢件的表层，从而改变钢件表层的化学成分，使钢件表层具有某种特殊的性能

续表

名　称		热处理过程	热处理目的
化学热处理类别	(1)钢的渗碳	将碳原子渗入钢件表层	使表面具有高的硬度(60～65 HRC)和耐磨性,而中心仍保持高的韧性。这种方法常用于耐磨并受冲击的零件,如轮、齿轮、轴、活塞销等
	(2)钢的渗氮	将氮原子渗入钢件表层	提高钢件表层的硬度、耐磨性、耐蚀性,常用于重要的螺栓、螺母、销钉等零件
	(3)钢的氰化	将碳和氮原子同时渗入到钢件表层	提高钢件表层的硬度和耐磨性,适用于低碳钢、中碳钢或合金钢零件,也可用于高速钢刀具
8. 发黑		将金属零件放在很浓的碱和氧化剂溶液中加热氧化,使金属零件表面生成一层带有磁性的四氧化三铁薄膜 由于材料和其他因素的影响,发黑层的薄膜颜色有蓝黑色、黑色、红棕色、棕褐色等,其厚度为0.6～0.8 μm	防锈、增加金属表面美观和光泽,消除淬火过程中的应力,常用于低碳钢、低碳合金工具钢

【拓展阅读】

常见材料的热处理有:

1. 45(S45C)常见热处理

基本资料:45 号钢为优质碳素结构钢(也称为油钢),硬度不高易切削加工。

调质处理(淬火+高温回火)

淬火:淬火温度(840±10)℃,水冷(55～58 HRC,极限 62 HRC)。

回火:回火温度(600±10)℃,出炉空冷(20～30 HRC)。

硬度:20～30 HRC。

用途:模具中常用来做 45 号钢管模板、梢子、导柱等,但须热处理。

调质处理后零件具有良好的综合力学性能,广泛应用于各种重要的结构零件,特别是那些在交变负荷下工作的连杆、螺栓、齿轮及轴类等。但表面硬度较低,不耐磨,可用调质加表面淬火提高零件表面硬度。

2. T10(SK4)常见热处理

基本资料:T10 碳素工具钢,强度及耐磨性均较 T8 和 T9 高,但热硬性低,淬透性不高且淬火变形大,晶粒细,在淬火加热时不易过热,仍能保持细晶粒组织;淬火后钢中有未溶的过剩碳化物,所以耐磨性高,用于制造具有锋利刀口和少许韧性的工具。

(1)淬火+低温回火

淬火:淬火温度(780±10)℃,保温50 min左右(视工件薄厚而定)或淬透。先淬入20~40 ℃的水或5%盐水,冷至250~300 ℃,转入20~40 ℃油中冷却至温热,得到硬度62~65 HRC。

回火:加热温度160~180 ℃,保温1.5~2 h,回火后硬度60~62 HRC。

用途:适用于制造切削条件较差、耐磨性要求较高且不受突然和剧烈冲击振动而需要一定的韧性及具有锋利刃口的各种工具,也可用作不受较大冲击的耐磨零件。

(2)调质处理(淬火+高温回火)

淬火:淬火温度780~800 ℃,油冷至温热。

回火:回火温度640~680 ℃,炉冷或空冷,回火后硬度183~207 HBS。

T10钢一般不进行调质处理。

3.9CrWMn(SKS3)常见热处理

基本资料:9CrWMn钢是由油淬硬化的低合金冷作模具钢(俗称油钢)。该钢具有一定的淬透性和耐磨性,淬火变形较小,碳化物分布均匀且颗粒细小。该钢的塑性、韧性较好,耐磨性比CrWMn钢低。

优点:硬度、强度较高;耐磨性较高;淬透性较高;机械性能好(尺寸稳定,变形小)。

缺点:韧性、塑性较差;有较明显的回火脆性现象;对过热较敏感;耐腐蚀性能较差。

淬火+低温回火

退火(预先热处理):加热至750~800 ℃,≤30 ℃/h控温冷却至550 ℃出炉空冷(停留1~3 h)。作用是改善或消除应力,防止工件变形、开裂,为最终热处理做准备。

淬火:先预热至550~650 ℃,再加热至800~850 ℃,保温,油冷至室温,硬度64~66 HRC,组织为高碳片状马氏体。

回火:加热至150~200 ℃,保温2 h,炉冷,硬度61~65 HRC。

用途:常用于制造截面尺寸不大而形状较复杂的冷冲模,耐磨的定位销等。

4.4Cr5MoSiV1(SKD61)常见热处理

基本资料:4Cr5MoSiV1是一种空冷硬化热作模具钢,具有良好的高温强度和韧性以及抗高温疲劳性能,能承受温度聚变,适宜在高温下长期工作,还具有优良的加工性和抛光性能。该钢是一种含硅、铬、钼和钒的中合金热作模具钢,经淬火、回火处理后得到组织细、晶粒适中的马氏体,组织中基体分布细小的碳化物,具有良好的综合力学性能,而且淬透性能好。

淬火+回水

淬火:

第一阶段预热500~550 ℃;

第二阶段预热750~800 ℃;

吹风冷却或高压气体冷却等,100~150 ℃入回火炉。

回火：

预热:300 ~ 350 ℃；

回火加热:550 ~ 680 ℃；

空气冷却到室温,回火 3 次。淬火温度 1 020 ~ 1 050 ℃,硬度 56 ~ 58 HRC,热处理变形小。

硬度:56 ~ 58 HRC(表面可渗氮氮化处理,使加工出来的产品具有更好的耐磨性。)

用途:比较适合制作尺寸大和形状复杂的模具,如热作铰刀、切槽刀、剪刀等。

【议一议】

活动一:分组记忆常见热处理方法。

活动二: 讨论分析 3CrMoAl 的热处理过程。

【做一做】

简答题

1. 对比分析钢的渗碳和渗氮对金属材料性能的影响。

2. 列举两种金属材料回火处理步骤。

3. 普通热处理的常用方法有哪些? 热处理的目的是什么?。

【评一评】

试用量化方式(评星)评价本节学习情况,并提出意见与建议。

学生自评:____

____

小组互评:____

____

老师点评:____

____

任务二 选择丝锥的热处理

【情境导入】

如图 5-3 所示,丝锥是制造业操作者加工螺纹的最主要工具,相同的丝锥经过不同的热处理方式其使用性能大不相同。丝锥有哪些性能要求?热处理方式又有哪些呢?

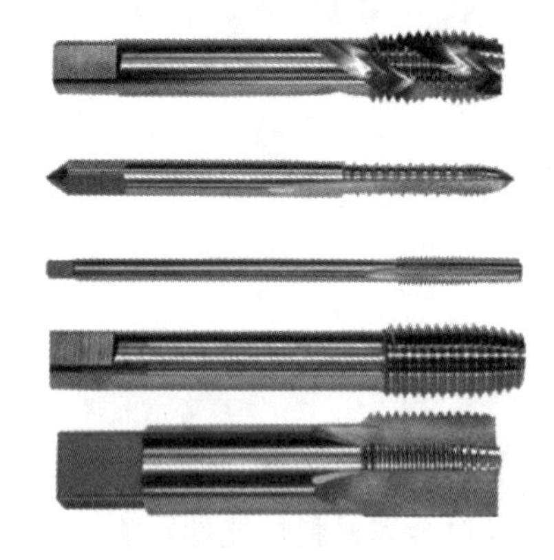

图 5-3 丝锥

【讲一讲】

丝锥是加工各种中、小尺寸内螺纹的刀具,结构简单,使用方便,既可手工操作,也可以在机床上工作,在生产中应用得非常广泛。

丝锥的主要用途:供加工螺母或其他机件上的普通内螺纹用(即攻丝)。机用丝锥通常是指高速钢磨牙丝锥,适用于在机床上攻丝;手用丝锥是指碳素工具钢或合金工具钢滚牙(或切牙)丝锥,适用于手工攻丝。

一、丝锥排屑槽的三大要素

①形成切刃。

②给切削点提供切削油。

③收纳、排出切屑。

二、丝锥的种类

丝锥按排屑槽的形状分类如下所述。

- 普通丝锥,如图 5-4 所示。
- 刃倾角丝锥,如图 5-5 所示。

图 5-4　普通丝锥

图 5-5　刃倾角丝锥

• 螺旋槽丝锥,如图 5-6 所示。

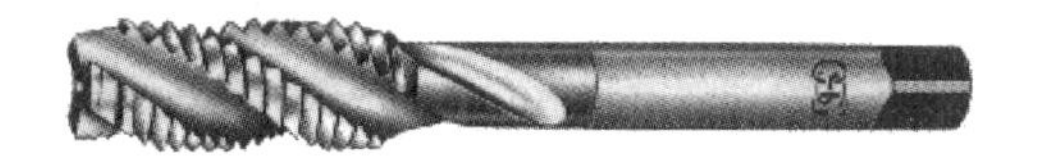

图 5-6　螺旋槽丝锥

• 挤压丝锥(无排屑槽),如图 5-7 所示。

图 5-7　挤压丝锥

三、丝锥的热处理工艺

1. 工作条件

①齿部要求较高的硬度和良好的耐磨性。

②为了在使用时不被扭断,心部要保证一定的韧性。

③柄部硬度也不宜过高。

2. 丝锥的性能要求

①硬度要求:应符合表 5-2 的要求。

表 5-2　丝锥硬度要求

规格	M1 ~ 3	M3 ~ 8	>8
刃部	59 ~ 61	60 ~ 62	61 ~ 63
柄部	30 ~ 55	30 ~ 55	30 ~ 55

②淬火后的马氏体级别小于或等于 3 级。

③淬火变形要求很严:丝锥热处理后不再进行磨削加工。

3. 手用丝锥的加工路线(T12A 钢制作 M12 手用丝锥的热处理工艺):下料→球化退火(原始组织不良时采用)→机械加工(多用滚牙法制成螺纹)→淬火、低温回火→柄部处理→清洗，发蓝处理→检查。

4. 热处理工艺分析

热处理的工艺流程如图 5-8 所示。

(1)球化退火

若原材料的供应状态是经过球化退火处理的，硬度和金相符合要求，可直接进行切削加工成形。但重新经过锻造或者金相组织不合格的原材料，则需严格按上述工艺进行等温球化退火。如果钢中有较严重的网状渗碳体时，则应先经正火处理后再进行球化退火。为了防止氧化脱碳，可采用装箱并填充铸铁屑或小块木炭方法，再用耐火泥密封，进行保护退火。

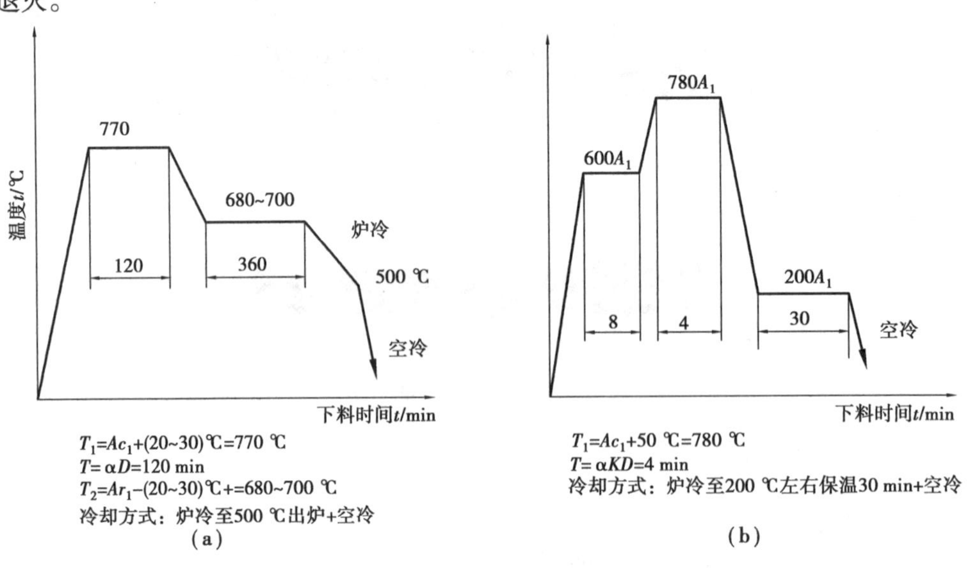

图 5-8 热处理

(a)球化退火；(b)淬火

球化退火后，应进行质量检验，检验的项目和要求，应根据 GB 1298—86 进行；硬度应≤207 HBS，珠光体球化级别应为 2 ~ 4 级，残余碳化物网≤3 级。

(2)淬火加热前预热

预热的目的主要是缩短淬火加热的时间，以减少变形和开裂的危险，也可减少过热和脱碳的倾向。若采用盐浴炉加热，温度为 600 ~ 650 ℃，时间为淬火加热时间的 2 倍，即 7 ~ 10 min。若采用箱式电阻炉预热，温度应在 500 ~ 550 ℃，时间可更长一些。

(3)淬火加热温度的选择

一般选在 Ac_1 以上 50 ℃，常取 780 ℃。对 T12A 钢来说，温度加热时，渗碳体的溶解量适当，又能使奥氏体保持细小晶粒，保证了淬火后得到细针状马氏体及一定数量的残余渗碳体，使刃具具有高硬度和高耐磨性。根据淬火温度和力学性能的关系，T12 钢在 780 ℃左右淬火力学性能最佳，所以生产中对 T12A 钢丝锥常取 780 ℃。

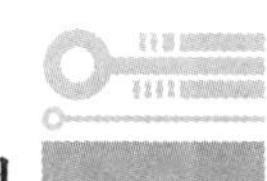

(4)加热时间的确定

一般经过预热后的加热时间为:盐浴炉采用 15 ~ 18 s/mm,箱式中炉采用 48 ~ 60 s/mm。不经预热盐浴炉:25 ~ 30 s/mm,箱式电阻炉:72 ~ 90 s/mm。

(5)淬火冷却

手用丝锥热处理后一般不再进行磨削加工,淬火变形要求很严,并且希望心部有一定的韧性,故采用等温淬火即在 200 ~ 220 ℃的硝盐中等温 30 ~ 45 min,然后空冷。

经等温淬火后,T12A 钢制 M12 丝锥将得到以下金相组织:

①表层:贝氏体 + 马氏体 + 残留渗碳体 + 少量残余奥氏体,这一层为 2 ~ 3 min。

②中心:屈氏体 + 贝氏体 + 马氏体 + 残留渗碳体 + 少量残余奥氏体。

③硬度:表层硬度 >60 HRC,中心硬度较低,韧性较好。

(6)回火

根据丝锥的硬度要求,选择回火温度。为保证回火后的硬度在 60 HRC 以上,回火温度应选择在 200 ℃左右,回火时间的确定以保证回火过程的充分进行为准,通常为1 ~2 h。

回火后的金相组织:呈黑色的贝氏体和回火马氏体及亮白色的颗粒状残留渗碳体,有少量残余奥氏体。

(7)柄部回火

丝锥对刃部和柄部的硬度要求不同,必须对柄部单独进行回火,一般采取丝锥倒挂,使柄部的 1/3 ~ 1/2 浸入 580 ~ 600 ℃的盐浴炉中,进行高温快速回火,按规格大小不同,加热 15 ~ 30 s,然后迅速入水冷却,以防止热量上传,影响刃部硬度。

(8)淬火回火热处理质量检验

①硬度:刃部 61 ~ 63 HRC,柄部 30 ~ 55 HRC。

②金相组织:贝氏体 + 回火马氏体 + 颗粒状的渗碳体。

③变形量:在规定范围内。

检验合格的丝锥,经清理表面后,进行发蓝处理。

四、丝锥热处理实验

(一)实验目的

①掌握丝锥热处理工艺。

②了解丝锥热处理步骤。

(二)实验内容

丝锥热处理。

(三)实验设备

①热处理炉。

②硬度计。

③装夹工具。

（四）实验步骤

（1）装卡

制作合适的单层平板卡具，大头朝上，间隔插装，每插一行空一行，装炉量见表 5-3。

表 5-3　丝锥淬火装炉量

单位：件/挂

规　格	M3	M4	M5	M6	M8	M10	M12	M16
装炉量	330	300	280	200	160	90	80	40

注：如系等柄丝锥，应选择双层淬火夹具，装炉量可适当增加；淬火夹具上不能有氧化皮。

（2）预热

一般为两次预热：500 ~ 550 ℃空气炉，第二次 850 ~ 870 ℃盐浴炉，预热时间为加热时间的 2 倍。

（3）加热

加热温度见表 5-4，不同规格丝锥加热时间见表 5-5。

表 5-4　丝锥加热温度

钢　号	M2	9341	4341	M7	M35
加热温度/℃	1 195 ~ 1 205	1 200 ~ 1 210	1 160 ~ 1 170	1 190 ~ 1 200	1 180 ~ 1 185

注：①整体加热。

②如切削调质件或不锈钢，加热温度提高 10 ℃左右。

表 5-5　丝锥加热时间

规　格	M3	M4	M5	M6	M8	M10	M12	M16
加热时间/s	120	120	120	135	135	150	150	165

（4）冷却

丝锥在中性盐浴炉中冷却到高温加热时间的一半即出炉空冷，冷却炉温度要控制在 580 ~ 620 ℃。如果条件允许，亦可以采取分级后再等温，即 580 ~ 620 ℃分级后入(260 ~ 280) ℃ ×1 h 硝盐等温。

（5）炉前金相控制

因为大部分丝锥不需要热硬性，韧性是最重要的指标，所以晶粒度严格控制在 11 ~ 12 级，M3 ~ M6 规格取下限，即控制在 11.5 ~ 12 级，M6 以上控制在 11 ~ 11.5 级。但对于柄部不浸高温炉的丝锥，晶粒度可大 1 级，即 10 ~ 11 级。

（6）回火

淬火丝锥冷到室温清洗干净后需及时回火，其工艺为 550 ℃ ×1 h×3 次，等温淬火者

需4次回火,第三次回火后抽样检查。

(7)抽样

抽样主要检查3项指标:

①过热程度:≤1级为合格,有些单位企业内控标准不准过热。

②回火程度:≤1级为合格,如抽查中发现2级者补加一次回火。

③硬度检查:根据《丝锥技术条件》(GB/T 969—2007),丝锥的硬度无上限,但也不能太高,具体规定见表5-6。国内有些丝锥生产厂,为了迎合市场的竞争和客户的需要,对热硬性也有较高的要求,即600 ℃×4 h后的室温硬度≥61 HRC为合格。

表5-6　机用丝锥硬度控制/HRC

规格 材质	<M3	>M3～ M6	>M6
HSS-L	61～64	62～65	63～66
HSS-E	64～66	65～66.5	65.5～67

(8)表面强化

表面强化的方法有蒸汽处理、氧氮共渗、软氮化、离子氮化、硫化、磷化、QPQ盐浴氧氮共渗、物理气相沉积TiN、(TiAl)N、沉积Ni-P合金等。机用丝锥最合适的表面强化工艺不是蒸汽处理,而是硫化处理。

五、实验注意事项

在丝锥的热处理生产过程中,由于人们经常忽略其中的一些细节,造成丝锥热处理畸变,甚至开裂报废,出现较高的废品率,造成较大的经济损失。为此在生产中应注意以下问题:

①制造丝锥的材料在机械加工前要进行质量检查,材料的显微组织应是球化组织,碳化物细小且分布均匀。

②在丝锥淬火前为了减少淬火时畸变开裂倾向,特别是对精度要求较高的丝锥应消除前期工序中产生的机械加工应力。

③丝锥在淬火前,均应进行预热,以降低温差减少热应力,降低丝锥的畸变倾向。

④丝锥热处理时,可以只对其刃部和柄部淬火,而中间过渡部分不淬火。这样可以使过渡部分有韧性,以利于以后校正的进行。淬火加热温度应尽量选择较低的温度,以防晶粒粗大,降低丝锥的强度、塑性和韧性。尤其是小直径丝锥,宁可降低一些硬度,也必须使其保持一定韧性,绝对避免高温淬火。与此同时淬火加热时间也不应过长,否则过高的加热温度和保温时间,也会导致丝锥晶粒粗大、脱碳、过热甚至过烧现象,影响其性能和使用寿命,甚至报废。

⑤淬火后的丝锥应立即回火,防止长时间放置。回火温度要根据丝锥的硬度要求而定,且还需注意以下两点:

a. 根据淬火情况适时调整回火温度。
b. 避开钢的第一类回火脆性区。

【议一议】

活动一:记一记常见丝锥的类型。

活动二: 分组讨论丝锥热处理工艺的作用。

【做一做】

一、判断题(正确的打√,错误的打×)

1. 丝锥是加工各种中、小尺寸内螺纹的刀具。 ( )
2. 丝锥齿部要求较高的硬度和良好的耐磨性。 ( )
3. 丝锥对刃部和柄部的硬度要求相同。 ( )
4. 表面强化的方法有蒸汽处理、氧氮共渗、软氮化、离子氮化、硫化、磷化等方式。 ( )
5. 丝锥在淬火前,均不需要进行预热。 ( )

二、简答题

1. 简述螺旋槽丝锥热处理过程。

2. 对比分析螺旋槽丝锥和挤压丝锥(无排屑槽)性能差异。

【评一评】

试用量化方式(评星)评价本节学习情况,并提出意见与建议。

学生自评:____

____

小组互评:____

____

老师点评:____

____

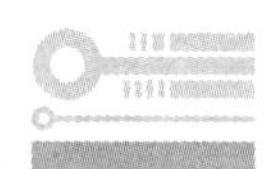

任务三　选择车床主轴的热处理

【情境导入】

车床已被广泛应用于机械加工中，车床主轴（图5-9）是车床极为重要的部件之一，其性能好坏直接影响车床的加工效果。为使车床主轴具有良好的稳定性，硬度、强度和韧性良好地配合，需要对车床主轴进行恰当的加工和热处理，使得主轴具有良好的使用性能。

图5-9　车床主轴

【讲一讲】

车床主要用于加工轴、盘、套和其他具有回转表面的工件，是机械制造和修配工厂中使用最广的一类机床，被广泛应用于机械加工中，具有不可或缺的地位。车床主轴是车床十分重要的结构件之一，主要用于支撑传动零件及传动扭矩。车床主轴的结构图如图5.10所示。

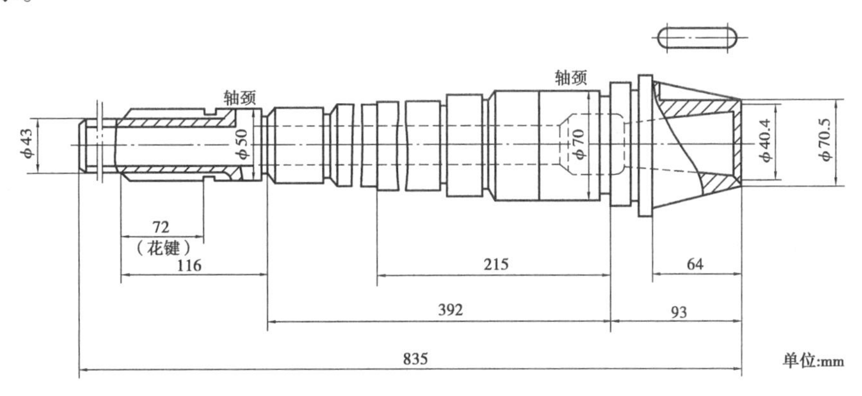

图5-10　主轴结构图

一、车床主轴的工作条件及性能要求

1. 工作条件

①工作时主要受交变弯曲和扭转应力的复合作用。

②轴与轴上零件有相对运动，相互间存在摩擦和磨损。

③轴在高速运转过程中会产生振动，使轴承受冲击载荷。

④多数轴会承受一定的过载载荷。

⑤局部（轴颈、花键等处）承受摩擦和磨损。

2. 性能要求

轴的失效方式主要是疲劳断裂和轴颈处磨损,有时也发生过载断裂,或者因发生塑性变形或腐蚀而失效。根据轴的工作条件及失效方式,轴的材料应具备如下性能:

①高的疲劳强度,防止轴疲劳断裂。

②优良的综合力学性能,即强度、塑性、韧性有良好配合,以防止过载和冲击断裂。

③局部承受摩擦的部位应具有高硬度和耐磨性,防止磨损失效。

④在特殊条件下工作的轴材料应具有特殊性能,如蠕变抗力、耐腐蚀性等。

二、车床主轴材料的选择

由上述车床主轴的工作条件和性能要求可选择40Cr作为主轴材料。

40Cr具有良好的综合力学性能、低温冲击韧度极低的缺口敏感性,淬透性良好,油冷时可得到较高的疲劳强度,一般在调质状态下使用,还可以进行碳氮共渗和高频表面淬火处理。

40Cr是使用最广泛的钢种之一,调制处理后用于制造中速、中载的零件,碳氮共渗处理后制造尺寸较大、低温中冲击韧度较高的传动零件。

三、车床主轴的加工工艺

主轴加工过程中的加工工序和热处理均会产生不同的加工误差和应力,因此要划分加工阶段,通常分为3个阶段。

1. 粗加工阶段

①毛坯处理:备料,锻造,热处理(正火)。

②粗加工:锯除多余部分,铣端面,钻中心孔,粗车外圆。

目的:切除大部分余量,接近终形尺寸,只留少量余量,及时发现缺陷。

2. 半精加工阶段

①半精加工前热处理:调质热处理。

②半精加工: 车大端各部,车小端各部,钻深孔,车小端锥孔,车大端锥孔,钻孔。

目的:为精加工做好准备,次要表面达到图纸要求。

3. 精加工阶段

①精加工前热处理:渗氮处理。

②精加工前各种加工:精车外圆,粗磨外圆,粗磨大端锥孔,铣花键,铣键槽,车螺纹。

③精加工:精磨外圆,粗磨外锥面,精磨外锥面。

四、车床传动轴热处理实验

(一)实验目的

①掌握车床传动轴热处理工艺。

②了解车床传动轴热处理步骤。

(二)实验内容

传动轴热处理工艺。

(三)实验设备

①热处理炉。

②硬度计。

③装夹工具。

(四)实验步骤

在不同的加工阶段需要不同的热处理方法来配合,下面就对车床主轴的热处理工艺进行详细的叙述。

1. 粗加工阶段的热处理:正火或退火

正火或退火的目的是消除锻造应力,细化晶粒,使金属组织均匀化,以利于切削加工。

- 退火工艺:加热温度 $Ac_3+(30\sim50)$℃,保温时间 120 min,冷却方式为随炉冷却。
- 正火工艺:加热温度 $Ac_3+(30\sim50)$℃,保温时间 120 min,冷却方式为空冷。

40Cr 属于亚共析钢,退火和正火后都会得到铁素体+珠光体组织,由于空冷的冷速比随炉冷却的冷速大,正火得到的珠光体组织更为细小,因此具有更好的塑性和切削加工性能。

2. 半精加工阶段的热处理:调质热处理(淬火+高温回火)

热处理工艺:870 ℃淬火,保温 70 min,油淬,500 ℃回火,保温 100 min,油淬。

如果调质热处理不当,会造成钢中存在较多的网络状、块状游离铁素体,从而使钢材的强度和冲击韧性下降。淬火温度偏低,回火温度过高是主要的不当操作。淬火时冷却速度缓慢,铁素体会从原奥氏体晶界优先析出,形成网状铁素体;钢在加热过程中,加热温度偏低或保温时间不足时,铁素体未完全溶于奥氏体中,淬火后形成块状游离铁素体。高温回火是一个碳原子扩散,颗粒状碳化物从马氏体中析出,以及消除马氏体痕迹的过程,因此淬火后组织存在的网状铁素体和块状游离铁素体无法在高温回火中消除而保留在调质处理后的组织中。铁素体的存在会降低组织的强度、硬度,直接影响疲劳断裂的程度。

40Cr 的淬火选用油淬,Cr 的存在会增加奥氏体的稳定性使 C 曲线右移,提高其淬透性,如果采用水淬,冷却速度太大,容易产生大的淬火内应力,使得材料开裂。

铬还会提高钢的回火稳定性,如果回火温度偏高,保温时间不足,组织转变就会不充分,铬在高温回火阶段会随着温度升高阻止马氏体的分解,从而影响碳化物的析出,高温回火后所得碳化物颗粒很少或分布不均匀,使得强度降低。

由上可知,适当提高淬火温度,增加保温时间,充分奥氏体化,降低高温回火温度,延长保温时间,使得碳化物充分析出均匀分布形成细密均匀回火索氏体组织。回火索氏体组织具有较高的强度和硬度,同时又具有比较好的韧性,从而提高材料的综合性能。

3. 精加工阶段前的热处理:氮化处理或表面高频淬火处理

氮化是整个车床主轴制造过程的最后一道工序,氮化后只需对主轴进行精磨加工。氮化温度为 480~570 ℃,氮化温度越高,扩散越快,获得的渗氮层越深,但当渗氮温度升高至 600 ℃以上,合金氮化物发生强烈聚集长大而引起弥散度减小,表面硬度显著降低。

4. 氮化层特性

①氮化层的硬度和耐磨性：氮化层的主要组织是 α 相以及和它共格联系或独立的氮化物，合金元素会减小氮化层的深度，也会显著提高表面硬度。一般地，硬度高耐磨性相应也会升高。

②疲劳强度：氮化层不仅具有高的表面硬度和强度，而且析出体积较大的氮化物相，使氮化层产生较大的残余压应力，能部分抵消在疲劳载荷下产生的拉应力，延缓疲劳破坏过程，使疲劳强度显著提高。同时氮化还使缺口敏感度显著降低。

③红硬性：氮化层的抗回火能力一般可保持到氮化温度，所以氮化表面在 500 ℃以下可长期保持高硬度。

5. 表面高频淬火

表面高频淬火也可以使车床主轴表面获得高的硬度，满足其性能要求。

根据车床主轴的工作条件和所要求的性能，制订出对应的合理的加工工艺和热处理方案，使得车床主轴内部有良好的韧性和强度，外表面有很好的硬度和耐磨性，从而减少磨损，延长主轴的寿命和机械加工的稳定性。由此，使得车床有较高的加工效率。

【议一议】

活动：记一记车床主轴加工 3 个阶段包含的内容。

【做一做】

一、判断题（正确的打√，错误的打×）

1. 车床主要用于加工轴、盘、套和其他具有回转表面的工件。（　　）
2. 车床主轴一般会承受一定的过载载荷。（　　）
3. 主轴加工过程包含粗加工阶段、半精加工阶段、精加工阶段。（　　）
4. 车床主轴受力方向单一。（　　）
5. 车床主轴内部有良好的韧性和强度，外表面有很好的硬度和耐磨性。（　　）

二、简答题

1. 简述车床主轴的性能要求。

2. 分析车床主轴加工过程中有哪些注意事项？

【评一评】

试用量化方式（评星）评价本节学习情况，并提出意见与建议。

学生自评：____

____

小组互评：____

____

老师点评：____

____

任务四　选择齿轮的热处理

【情境导入】

如图 5-11 所示，齿轮是轮缘上有齿能连续啮合传递运动和动力的机械元件，是能互相啮合的有齿的机械零件，是机械传动中应用最广泛的零件之一。在齿轮的制造过程中，合理选择材料与热处理工艺，是提高承载能力和延长使用寿命的必要保证。

图 5-11　齿轮

【讲一讲】

在机器制造中，影响产品质量和生产成本的因素很多，其中材料的选用是否恰当，往往起到关键的作用。在机械零件设计和制造时，我们先是按照零件工作条件的要求选择材料，然后根据所选材料的力学性能和工艺性能确定零件的结构和尺寸。在制造零件时，我们再按照所用的材料制订加工工艺方案。

一、齿轮的工作条件

①由于传递扭矩，齿根承受很大的交变弯曲应力。

②换挡、启动或啮合不均时，齿部承受一定冲击载荷。

③齿面相互滚动或滑动接触，承受很大的接触压应力及摩擦力的作用。

二、齿轮的失效形式

- 疲劳断裂：主要从根部发生。
- 齿面磨损：由于齿面接触区摩擦，使齿厚变小。
- 齿面接触疲劳破坏：在交变接触应力作用下，齿面产生微裂纹，微裂纹的发展，引起点状剥落(或称麻点)。

● 过载断裂:主要是冲击载荷过大造成的断齿。

三、齿轮材料的性能要求

①高的弯曲疲劳强度。
②高的接触疲劳强度和耐磨性。
③较高的强度和冲击韧性。
此外,还要求有较好的热处理工艺性能,如热处理变形小等。

四、齿轮类零件的选材

齿轮材料要求的性能主要是疲劳强度,尤其是弯曲疲劳强度和接触疲劳强度。表面硬度越高,疲劳强度也越高。齿心应有足够的冲击韧性,目的是防止轮齿受冲击过载断裂。

从以上两方面考虑,选用低、中碳钢或其合金钢。它们经表面强化处理后,表面有高的强度和硬度,心部有好的韧性,能满足使用要求。此外,这类钢的工艺性能好,经济上也较合理,是比较理想的材料。

五、钢制齿轮的热处理方法

(1)表面淬火

表面淬火常用于中碳钢和中碳合金钢,如45Cr、40Cr钢等。表面淬火后,齿面硬度一般为40~55 HRC。特点是抗疲劳点蚀、抗胶合能力强,耐磨性好;由于齿心部分未淬硬,齿轮仍有足够的韧性,能承受不大的冲击载荷。

(2)渗碳淬火

渗碳淬火常用于低碳钢和低碳合金钢,如20Cr、20Cr钢等。渗碳淬火后齿面硬度可达56~62 HRC,而齿轮心部仍保持较高的韧性,轮齿的抗弯强度和齿面接触强度高,耐磨性较好,常用于受冲击载荷的重要齿轮传动。齿轮经渗碳淬火后,轮齿变形较大,应进行磨削加工。

(3)渗氮

渗氮是一种表面化学热处理。渗氮后不需要进行其他热处理,齿面硬度可达700~900 HV。由于渗氮处理后的齿轮硬度高,工艺温度低,变形小,故适用于内齿轮和难以磨削的齿轮,常用于含铅、钼、铝等合金元素的渗氮钢,如38CrMoAl等。

(4)调质

调质一般用于中碳钢和中碳合金钢,如45Cr、40Cr、35SiMn钢等。调质处理后齿面硬度一般为220~280 HBS。因硬度不高,轮齿精加工可在热处理后进行。

(5)正火

正火能消除内应力,细化晶粒,改善力学性能和切削性能。机械强度要求不高的齿轮可采用中碳钢正火处理,大直径的齿轮可采用铸钢正火处理。

根据热处理后齿面硬度的不同，齿轮可分为软齿面齿轮（≤350 HBS）和硬齿面齿轮（>350 HBS）。一般要求的齿轮传动可采用软齿面齿轮。为了减小胶合的可能性，并使配对的大小齿轮寿命相当，通常使小齿轮齿面硬度比大齿轮齿面硬度高出 30～50 HBS。对于高速、重载或重要的齿轮传动，可采用硬齿面齿轮组合，齿面硬度可大致相同。

六、常用齿轮材料及其力学性能

常用齿轮材料及其力学性能见表 5-7。

表 5-7　常用齿轮材料及其力学性能

类　别	材料牌号	热处理方法	抗拉强度 σ_b/MPa	屈服点 σ_s/MPa	硬　度
优质碳素钢	35	正火	500	270	150～180 HBS
		调质	550	294	190～230 HBS
	45	正火	588	294	169～217 HBS
		调质	647	373	229～286 HBS
		表面淬火			40～50 HRC
	50	正火	628	373	180～220 HBS
合金结构钢	40Cr	调质	700	500	240～258 HBS
		表面淬火			48～55 HRC
	35SiMn	调质	750	450	217～269 HBS
		表面淬火			45～55 HRC
	40MnB	调质	735	490	241～286 HBS
		表面淬火			45～55 HRC
	20Cr	渗碳淬火后回火	637	392	56～62 HRC
	20CrMnTi		1 079	834	56～62 HRC
	38CrMnAlA	渗氮	980	834	>850 HV
铸　钢	ZG45	正火	580	320	156～217 HBS
	ZG55		650	350	169～229 HBS
灰铸钢	HT300		300		185～278 HBS
	HT350		350		202～304 HBS
球墨铸铁	QT600-3		600	370	190～270 HBS
	Qt700-2		700	420	225～305 HBS
非金属	夹布胶木		100		25～35 HBS

七、常用齿轮热处理

1. 机床常用齿轮材料及热处理

(1)45

淬火,高温回火,200 ~ 250 HB,用于圆周速度 <1 m/s 中等压力;高频淬火,表面硬度 52 ~ 58 HRC,用于表面硬度要求高、变形小的齿轮。

(2)20Cr

渗碳、淬火、低温回火,56 ~ 62 HRC,用于高速、压力、中等,并有冲击的齿轮。

(3)40Cr

调质,220 ~ 250 HB,用于圆周速度不大、中等单位压力的齿轮;淬火、回火,40 ~ 50 HRC,用于中等圆周速度、冲击负荷不大的齿轮。

(4)其他

除上述条件外,如尚要求热处理时变形小,则用高频淬火、硬度 52 ~ 58 HRC。

2. 汽车、拖拉机常用齿轮材料及热处理

汽车、拖拉机齿轮的工作条件比机床齿轮要复杂得多,要求耐磨性、疲劳强度、心部强度和冲击韧性等方面,比机床齿轮高。因此,一般是载荷重、冲击大,多采用低碳合金钢(如 20MnMoB、20SiMnVB、30CrMnTi、30MnTiB、20MnTiB 等),经渗碳、淬火、低温回火处理。拖拉机最终传动齿轮的传动扭矩较大,齿面单位受压较高,密封性不好,砂土、灰土容易钻入,工作条件比较差,常采用 20CrNi3A 等渗碳。

3. 一般机械齿轮

一般机械齿轮最常用的材料是 45 和 40Cr,其热处理方法选择如下:

- 整体淬火:强度、硬度(50 ~ 55 HRC)提高,承载能力增大,但韧性减小,变形较大,淬火后须磨齿或研齿,只适用于载荷较大、无冲击的齿轮,应用较少。
- 调质:由于硬度低,韧性也不太高,不能用于大冲击载荷下工作,只适用于低速、中载的齿轮。一对调质齿轮的小齿轮面硬度要比大齿面硬度高出 25 ~ 40 HB。
- 正火:受条件限制不适合淬火和调质的大直径齿轮用。
- 表面淬火:45、40Cr 高频淬火机床齿轮广泛采用,直径较大用火焰表面淬火。但对受较大冲击载荷的齿轮因其韧性不够,须用低碳钢(有冲击、中小载荷)或低碳合金钢(有冲击、重载荷)渗碳。

八、齿轮热处理实验

(一)实验目的

①掌握齿轮热处理工艺。

②了解齿轮热处理步骤。

(二)实验内容

齿轮热处理工艺。

（三）实验设备

①热处理炉。

②硬度计。

③装夹工具。

（四）实验步骤

1. 预备热处理工艺

（1）正火加热温度

通常，对亚共析钢正火的加热温度为 Ac_3 以上 30 ~ 50 ℃，而对中碳合金钢的正火温度正火温度为 Ac_3 以上 50 ~ 100 ℃，保温一定时间后在空气中冷却得到珠光体类组织。加热温度过低先共析铁素体未能全部溶解而达不到细化晶粒的作用，加热温度过高会造成晶粒粗化恶化钢的力学性能，因此选 870 ℃。

（2）正火加热保温时间

工件有效厚度的计算原则：薄板工件的厚度即为其有效厚度；长的圆棒料直径为其有效厚度；正方体工件的边长为其有效厚度；长方体工件的高和宽小者为其有效厚度；带锥度的圆柱形工件的有效厚度是距小端 $2L/3$（L 为工件的长度）处的直径；带有通孔的工件，其壁厚为有效厚度。一般情况下，碳钢可以按工件有效厚度每 25 mm 为 1 h 来计算，合金钢可以按工件的有效厚度每 20 mm 为 1 h 来计算保温时间，加热时间应为 2 ~3 h。

（3）正火工艺曲线

40Cr 钢正火工艺曲线如图 5-12 所示。

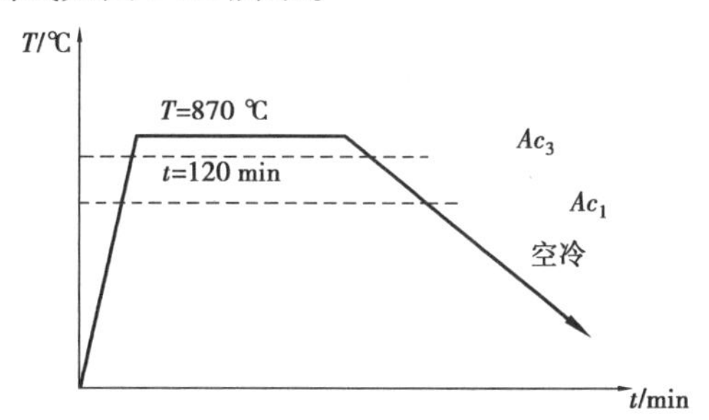

图 5-12　40Cr 钢正火工艺曲线

加热温度：Ac_3 +（30 ~50）℃；加热速度：小于 200 ℃/h；保温时间：2 ~3 h。

2. 淬火 + 高温回火热处理工艺

淬火是将钢加热至临界温度点 Ac_3 或 Ac_1 以上一定的度，保温后以大于临界冷却速度的速度冷却得到马氏体（或下贝氏体）的热处理工艺。其目的是使奥氏体化后的工件获得尽量多的马氏体，然后配以不同温度回火获得各种需要的性能。

淬火温度要求 $T = Ac_3$ +（30 ~50）℃可得，淬火温度 T = 830 ~850 ℃，选 850 ℃，采用油冷的冷却方式。

40Cr 钢的淬火冷却曲线如图 5-13 所示。淬火 + 高温回火热处理工艺曲线如图 5-14 所示。

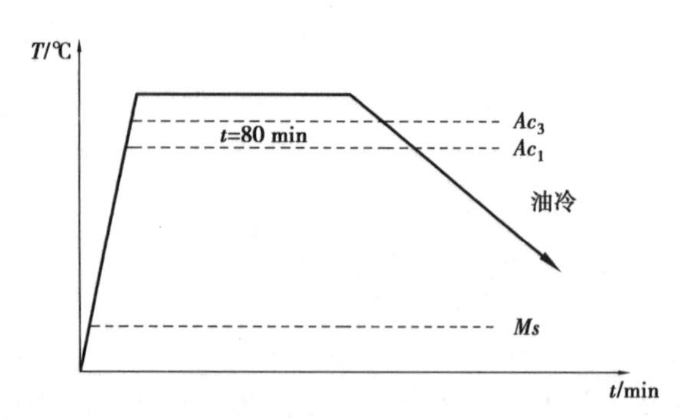

图 5-13　40Cr 钢的淬火冷却曲线

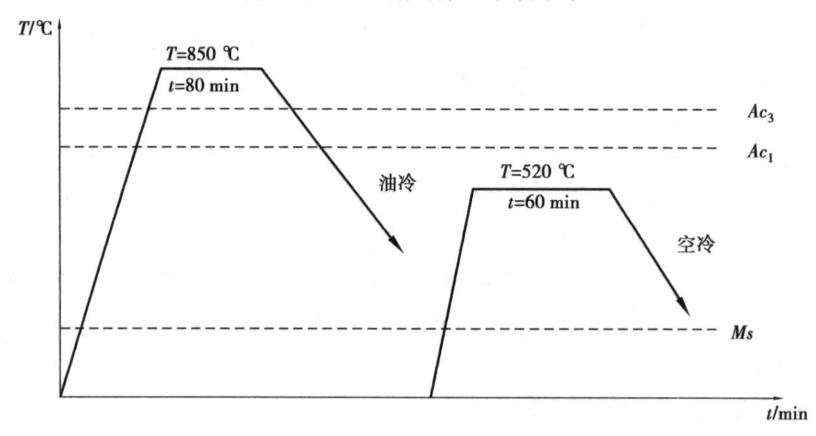

图 5-14　淬火 + 高温回火热处理工艺曲线

回火规范见表 5-8。

表 5-8　40Cr 钢回火规范表

<table>
<tr><th rowspan="2">方案</th><th rowspan="2">淬火温度/℃</th><th colspan="4">回　火</th></tr>
<tr><th>用　途</th><th>加热温度/℃</th><th>介　质</th><th>硬度 HRC</th></tr>
<tr><td>Ⅰ</td><td rowspan="3">850</td><td>消除应力</td><td>150 ~ 170</td><td>油或硝盐</td><td>61 ~ 63</td></tr>
<tr><td>Ⅱ</td><td>去除应力,降低硬度</td><td>200 ~ 275</td><td>—</td><td>57 ~ 59</td></tr>
<tr><td>Ⅲ</td><td>去除应力,降低硬度</td><td>400 ~ 425</td><td>—</td><td>55 ~ 57</td></tr>
<tr><td>Ⅳ</td><td rowspan="3">880</td><td>去除应力及形成二次硬化</td><td>510 ~ 520 ℃多次回火</td><td>—</td><td>60 ~ 61</td></tr>
<tr><td>Ⅴ</td><td>去除应力及形成二次硬化</td><td>−78 ℃冷处理加一次 510 ~ 520 ℃回火</td><td>—</td><td>60 ~ 61</td></tr>
<tr><td>Ⅵ</td><td>去除应力及形成二次硬化</td><td>−78 ℃冷处理加一次 510 ~ 520 ℃回火,再 −78 ℃冷处理</td><td>—</td><td>61 ~ 62</td></tr>
</table>

3. 热处理工艺卡片

热处理工艺卡片见表 5-9。

表 5-9　热处理工艺卡

零件名称:机床齿轮	热处理工艺卡	处理要求:下料、锻造、预备热处理(正火)、机械加工、淬火+高温回火、精铣、成品
材料:40Cr 钢		热处理技术要求:恰当控制温度和时间 硬度:≥170 HBW

工序号	名称	设备	工具	装　料		工艺规范				冷　却		备注
				工具数量	1 个工具所装的数量/件	温度/℃	加热时间	保温时间/h	合计/h	介质	温度/℃	
1	锻造加热					1 000 ~ 1 050	—	—	—	炉冷		
2	正火					870	2 h	1	3	空气		
3	淬火					850	80 min	1 ~ 2	2 ~ 3	油		
4	高温回火					520	1 h	3 ~ 5				
5												
6												
7												
8												
9												
10												
					更改日期		更改单号		更改标准		更改者	

【议一议】

活动:记一记钢的齿轮常见热处理方法。

【做一做】

判断题（正确的打√，错误的打×）

1. 齿根承受很大的交变弯曲应力。 ( )
2. 齿轮疲劳断裂主要从根部发生。 ( )
3. 过载断裂主要是冲击载荷过大造成的断齿。 ( )
4. 20Cr 渗碳、淬火、低温回火 HRC56—62，用于高速，压力中等，并有冲击的齿轮。 ( )
5. 钢的齿轮常见热处理方法包含表面淬火、渗碳淬火、渗氮、调质、正火。 ( )

【评一评】

试用量化方式（评星）评价本节学习情况，并提出意见与建议。

学生自评：____

____

小组互评：____

____

老师点评：____

____

项目六 金属材料的微观世界

任务一　熟悉金属的晶体结构的内涵

【情境导入】

不同的金属材料具有不同的力学性能，即使是同一种金属材料，在不同的条件下其性能也是不同的。金属性能的这些差异从本质上来说，是由其内部结构所决定的。内部结构是指组成材料的原子种类和数量，以及它们的排列方式和空间分布。金属晶体结构包含哪些？它们又有哪些特点？

【讲一讲】

一、晶体与非晶体

固态物质按其原子（或分子）的聚集状态是否有序，可分为晶体与非晶体两大类。在物质内部，凡原子（或分子）在三维空间呈有序、有规则排列的物质称为晶体。自然界中绝大多数固体都是晶体，如常用的金属材料、水晶、氯化钠等；凡原子（离子或分子）在三维空间呈无序堆积状况的物质称为非晶体，如普通玻璃、松香、石蜡等。非晶体的结构状态与液体结构相似，故非晶体也被称为冻结的液体。

由于晶体内部的原子(或分子)排列具有规律性,所以,自然界中的许多晶体往往具有规则的几何外形,如结晶盐、水晶、天然金刚石等。晶体的几何形状与晶体的形成条件有关,如果条件不具备,其几何形状也可能是不规则的。故晶体与非晶体的根本区别不是几何外形规则与否,而是其内部原子排列是否规则。晶体与非晶体的区别除了几何形状是否规则外,还表现在以下方面:

①非晶体没有固定的熔点,加热时随温度的升高会逐渐变软,最终变为有明显流动性的液体;冷却时液体逐渐变稠,最终变为固体。而晶体有固定的熔点,当加热温度升高到某一温度时,固态晶体转变为液态。例如,纯铁的熔点为 1 538 ℃,铜的熔点为 1 083 ℃,铝的熔点为 660 ℃。

②非晶体由于原子排列无规则,在各个方向上的原子聚集密度大致相同,故在性能上表现为各向同性。而晶体在不同的方向上具有不同的性能,即晶体表现出各向异性。

晶体与非晶体在一定条件下可以相互转换,如玻璃经高温长时间加热后能形成晶态玻璃。而通常呈晶态的物质从液态快速冷却时也可能转变为非晶体,如金属液体在冷却速度超过 107 ℃/s 时,可得到非晶态金属。晶体可分为金属晶体和非金属晶体两大类。金属晶体除了具有晶体所共有的特征外,还具有一些独特的性能,如具有金属光泽、导电性、导热性和延展性等。

1. 晶格和晶胞

在金属晶体中,原子是按一定的几何规律呈周期性有规则排列的,不同晶体的原子排列规律不同。为了便于研究,人们把金属晶体中的原子近似看作一个个刚性小球,则金属晶体就是由这些刚性小球按一定几何规则紧密排列而成的物体,如图 6-1 所示。这种图形不便于分析晶体中原子的空间位置,为了便于研究晶体中原子的排列情况,可将刚性小球再简化成一个点,用假想的线将这些点连接起来,构成有明显规律性的空间格架。这种表示原子在晶体中排列规律的空间格架称为晶格,如图 6-2(a)所示。晶格由许多形状、大小相同的几何单元在三维空间重复堆积而成。为了便于讨论,通常从晶格中选取一个能完全反映晶格特征的最小几何单元来分析晶体中原子排列的规律,最小几何单元称为晶胞,如图 6-2(b)所示。

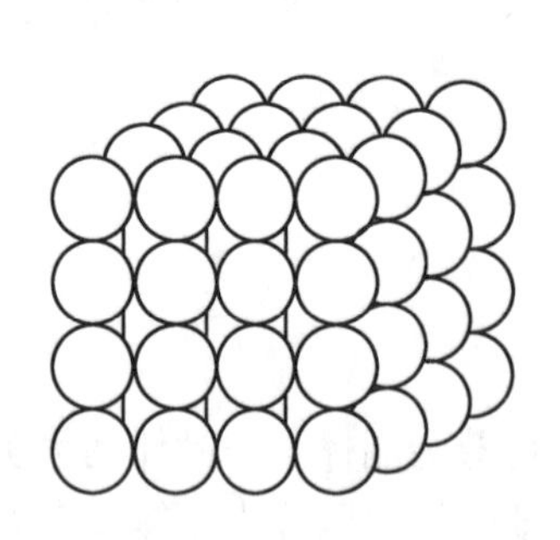

图 6-1 晶体内部原子排列示意图

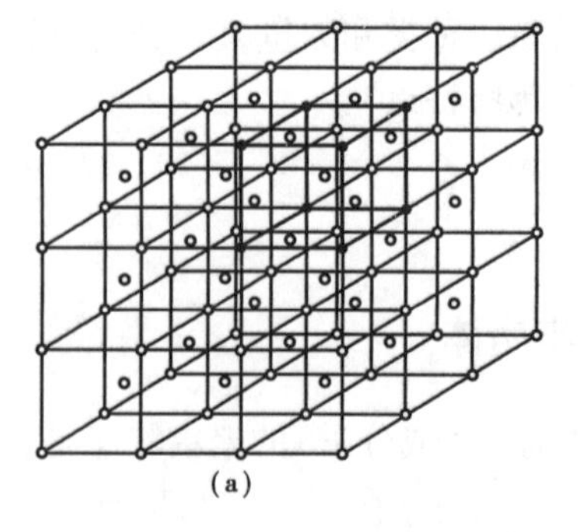

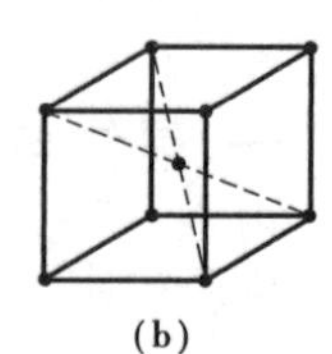

图 6-2 晶体和晶胞示意图
(a)晶格;(b)晶胞

2. 晶格常数

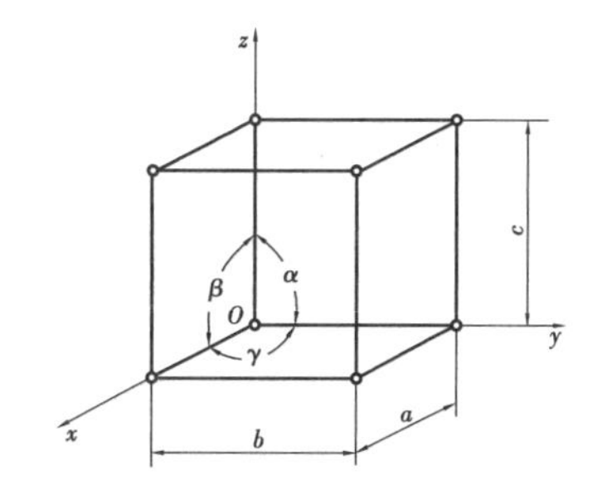

图 6-3　简单立方晶格的晶胞表示方法

不同元素的原子半径大小不同，在组成晶胞后，晶胞大小也不相同。在金属学中，通常取晶胞角上某一结点作为坐标原点，沿其 3 条棱边作为坐标轴 x、y、z，称为晶轴。规定在坐标原点的前、右、上方为坐标轴的正方向，并以棱边长度 a、b、c 分别作为坐标轴的长度单位，如图 6-3 所示。晶胞的大小和形状完全可以由 3 个棱边长度和 3 个晶轴之间的夹角来表示。晶胞的棱边长度称为晶格常数，对于立方晶格来说，晶胞的 3 个方向上的棱边长度都相等（$a=b=c$），用一个晶格常数 α 表示即可。晶格常数的单位为 Å（埃，1Å $=10^{-10}$ m）。3 个晶轴之间的夹角也相等，即 $\alpha=\beta=\gamma=90°$。

3. 晶面和晶向

在晶体中由一系列原子中心所构成的平面称为晶面。图 6-4 所示为简单立方晶格的一些晶面。通过两个或两个以上原子中心的直线可代表晶格空间排列的一定方向，称为晶向，如图 6-5 所示。由于晶体中不同晶面和晶向上原子排列的疏密程度不同，因此原子之间的结合力大小也就不同，从而在不同的晶面和晶向上显示出不同的性能，即晶体的各向异性，这是晶体区别于非晶体的重要标志之一。晶体的这种特性不仅表现在力学性能上，还表现在物理性能和化学性能上，并在工业生产中有着一定的应用。

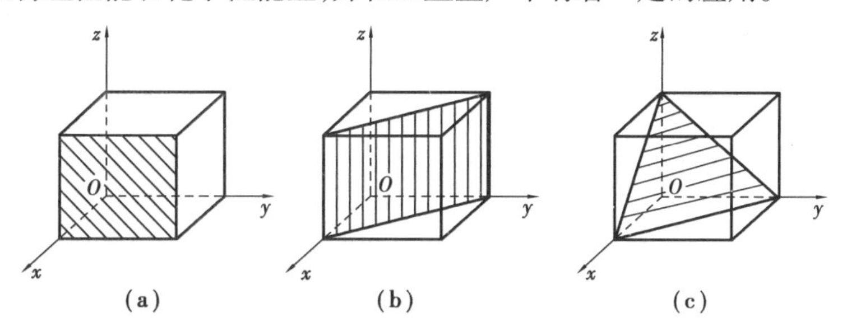

图 6-4　简单立方晶格中的晶面

二、金属晶格的类型

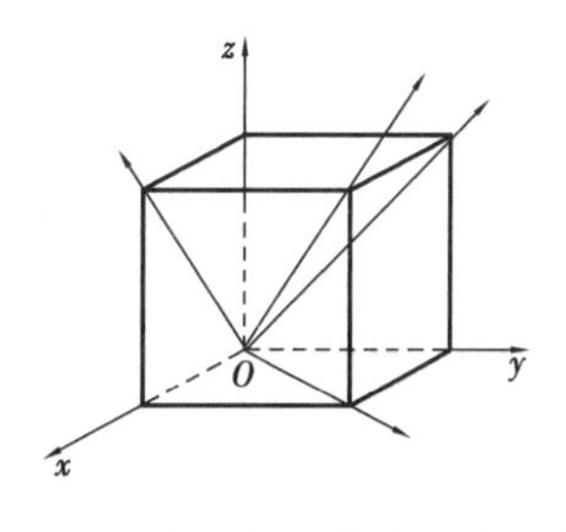

图 6-5　简单立方晶格中的晶向

在自然界存在的金属元素中，除了少数金属具有复杂的晶体结构外，绝大多数金属（占 85% 以上）都具有比较简单的晶体结构。最常见的金属晶体结构有 3 种类型，即体心立方晶格、面心立方晶格、密排六方晶格。

1. 体心立方晶格

体心立方晶格的晶胞是一个立方体（$a=b=c$，$\alpha=\beta=\gamma=90°$），其原子位于立方体的 8 个顶角上和立方体的中心，如图 6-6 所示。由于晶胞角上的原子同时为相邻的 8 个晶胞所共有，而立方体中心的原子为该晶胞所独有，所以，每个体心立方晶格晶胞中实际含有的原子数为 1 个 +8 个/8 =2 个。具有体心立方晶格的金属有 α-铁（α-Fe）、铬（Cr）、钒(V)、钨(W)、钼(Mo)等金属。

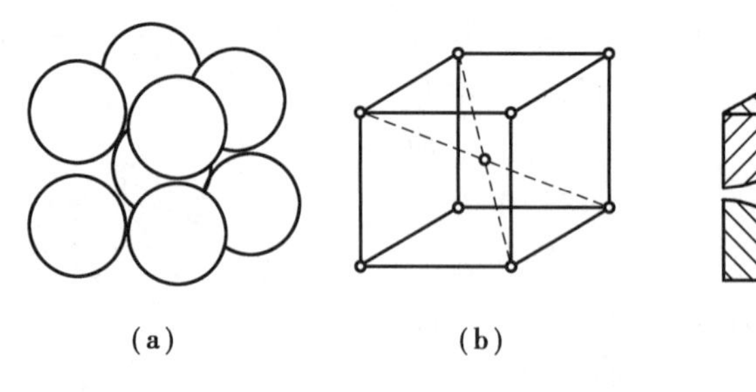

(a) (b) (c)

图 6-6 体心立方晶胞

2. 面心立方晶格

面心立方晶格的晶胞也是一个立方体,其原子位于立方体的 8 个顶角上和立方体的 6 个面的中心,如图 6-7 所示。由于晶胞角上的原子同时为相邻的 8 个晶胞所共有,而每个面中心的原子为两个晶胞所共有,所以,每个面心立方晶格晶胞中实际含有的原子数为 8 个/8 +6 个/2 =4 个。具有面心立方晶格的金属有 γ-铁(γ-Fe)、铝(Al)、铜(Cu)、铅(Pb)、镍(Ni)、金(Au)、银(Ag)等金属。

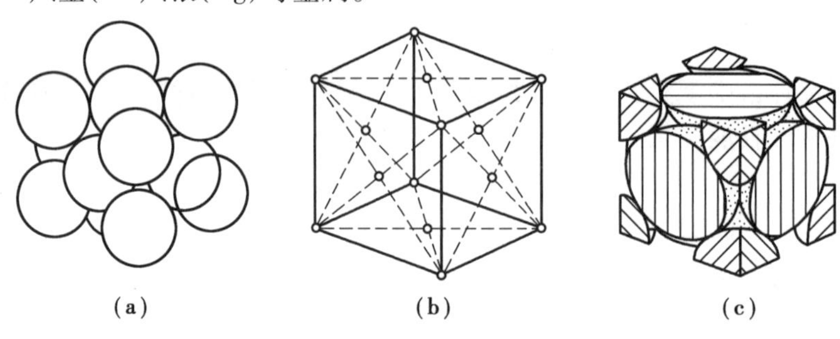

(a) (b) (c)

图 6-7 面心立方晶胞

3. 密排六方晶格

密排六方晶格的晶胞是一个正六棱柱体,原子排列在柱体的每个顶角上和上、下底面的中心,另外 3 个原子排列在柱体内,如图 6-8 所示。晶格常数用正六边形底面的边长 α 和晶胞高度 c 表示,两者的比值 $c/a=1.633$,此时,上下两底面的原子与柱体内的 3 个原子紧密接触,是真正的密排六方结构。由于晶胞角上的原子为 6 个晶胞所共有,上下底面中心的原子为 2 个晶胞所共有,而柱体内的 3 个原子为该晶胞所独有,故每个密排六方晶

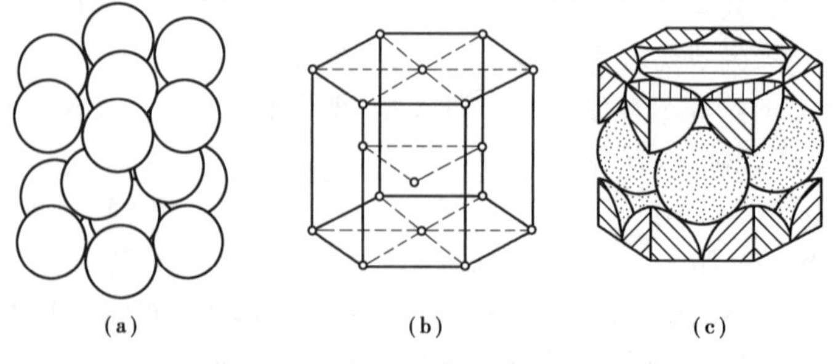

(a) (b) (c)

图 6-8 密排六方晶胞

格晶胞中实际含有的原子数为 12 个/6 +2 个/2 +3 个 =6 个。具有密排六方晶格的金属有镁(Mg)、锌(Zn)、铍(Be)、镉(Cd)等。

以上 3 种晶格由于原子排列规律不同,它们的性能也不同。一般来说,具有体心立方晶格的金属材料,其强度较高而塑性相对较差一些;具有面心立方晶格的金属材料,其强度较低而塑性很好;具有密排六方晶格的金属材料,其强度和塑性均较差。当同一种金属的晶格类型发生改变时,金属的性能也会随之发生改变。

【议一议】

活动一:分组讨论晶体与非晶体的区别。

活动二:分组讨论列举 3 种晶格的代表金属。

【做一做】

简答题

1. 列举 3 种金属并分析其晶体结构。

2. 分析 3 种晶格金属性能有哪些差别?

【评一评】

试用量化方式(评星)评价本节学习情况,并提出意见与建议。

学生自评:____

____

小组互评:____

____

老师点评:____

____

任务二　认识纯金属的结晶

【情境导入】

绝大多数金属材料的原始组织为铸态组织。金属结晶过程对铸件组织的形成(图6-9),以及它锻造性能和零件的最终使用性能都有影响。纯金属的结晶过程经历哪些过程?又有哪些因素会影响纯金属结晶?

图 6-9　钢水浇注

【讲一讲】

一、结晶的基本概念

1. 结晶温度和过冷现象

- 凝固:物质由液态转变为固态的过程。
- 结晶:物质凝固后获得的晶体。
- 结晶温度:液固转变温度称为结晶温度。
- 过冷度:金属的实际结晶温度 T_1 低于理论结晶温度 T_0 的现象称为过冷,其温度差 $\Delta T = T_0 - T_1$ 称为过冷度。图 6-10 所示为纯金属冷却曲线。

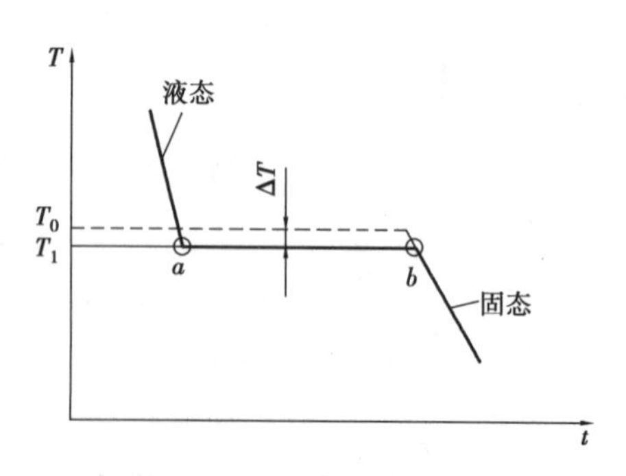

图 6-10　纯金属冷却曲线

由于结晶时放出了结晶潜热,补偿了此时向环境散发的热量,使温度保持恒定,结晶完成后,温度继续下降。

冷却速度越大,过冷度越大,即金属的结晶温度越低。

2. 结晶的能量条件

只有出现过冷现象,金属的结晶过程才能自发进行。过冷度越大,结晶的驱动力越大,结晶越容易进行。

二、结晶过程

1. 形核

液态金属的结晶是在一定过冷度的条件下,从液体中首先形成一些按一定晶格类型排列的微小而稳定的小晶体,然后以它为核心逐渐长大的。这些作为结晶核心的微小晶体称为晶核。在晶核长大的同时,液体中又不断产生新的晶核并且不断长大,直到它们互相接触,液体完全消失为止。简而言之,结晶过程是晶核的形成与长大的过程,如图 6-11 所示。

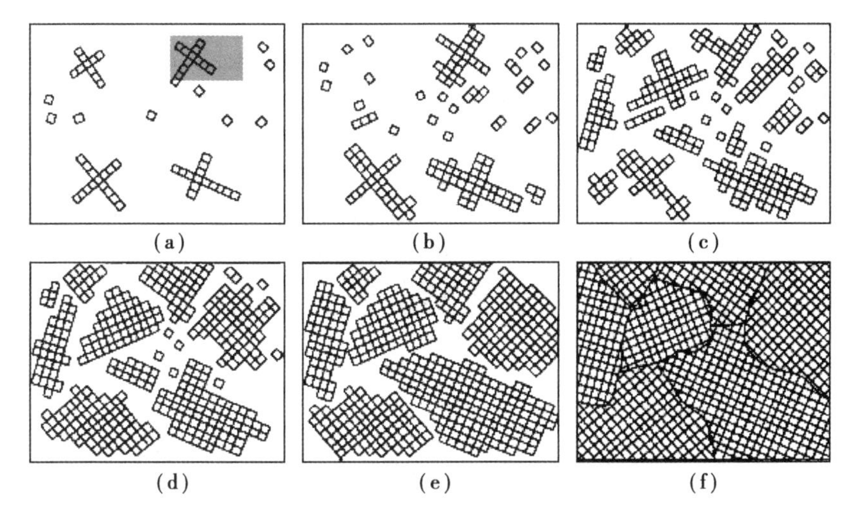

图 6-11　纯金属结晶过程示意图

在一定过冷条件下,仅依靠自身原子有规则排列而形成晶核,这种形核方式称为自发形核;在液态金属中常存在着各种固态的杂质微粒,依附于这些固态微粒也可以形成晶核,这种形核方式称为非自发形核。通常自发形核和非自发形核是同时存在的,在实际金属的结晶过程中,非自发形核往往起主导作用。

2. 晶核长大

在过冷条件下,晶核一旦形成就立即开始长大。在晶核长大的初期,其外形比较规则。随后晶核优先沿一定方向按树枝状生长方式长大。晶体的这种生长方式就像树枝一样,先长出干枝,再长出分枝,所得到的晶体称为树枝状晶体,简称枝晶。当成长的枝晶与相邻晶体的枝晶互相接触时,晶体就向着尚未凝固的部位生长,直到枝晶间的金属液晶粒全部凝固为止,最后形成了许多互相接触而外形不规则的晶体。这些外形不规则而内部原子排列规则的小晶体,称为晶粒,晶粒与晶粒之间的分界面称为晶界。图 6-12 所示为在金相显微镜下观察到的纯铁的晶粒和晶界的图像。

结晶后只有一个晶粒的晶体称为单晶体，如图 6-13(a)所示，单晶体中的原子排列位向是完全一致的，其性能是各向异性的。结晶后由许多位向不同的晶粒组成的晶体称为多晶体，如图 6-13(b)所示。由于多晶体内各晶粒的晶体位向互不一致，它们表现的各向异性彼此抵消，故显示出各向同性，称为各向同性。

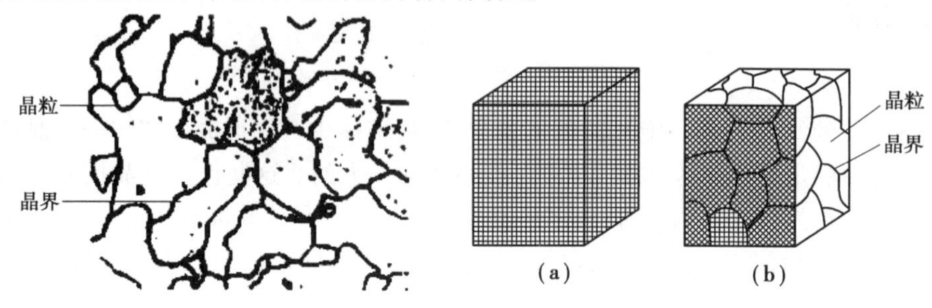

图 6-12　纯铁的显微组织

图 6-13　单晶体和多晶体结构示意图
(a)单晶体；(b)多晶体

三、晶粒大小对金属力学性能的影响

金属的晶粒大小对金属的力学性能具有重要的影响。实验表明，在室温下的细晶粒金属比粗晶粒金属具有更高的强度、硬度、塑性和韧性。晶粒大小对纯铁力学性能的影响见表 6-1。工业上将通过细化晶粒来提高材料强度的方法称为细晶强化。

表 6-1　晶粒大小对纯铁力学性能的影响

晶粒平均直径/μm	R_m/MPa	R_{el}/MPa	A/%
70	184	34	30.6
25	216	45	39.5
2.0	268	58	48.8
1.6	270	66	50.7

为了提高金属的力学性能，必须控制金属结晶后的晶粒大小。由结晶过程可知：金属晶粒大小取决于结晶时的形核率(单位时间、单位体积所形成的晶核数目)与晶核的长大速度。形核率越高，长大速度越慢，结晶后的晶粒越细小。因此，细化晶粒的根本途径是提高形核率及降低晶核长大速度。

常用细化晶粒的方法有以下 3 种：

1. 增加过冷度

金属的形核率和长大速度均随过冷度不同而发生变化，如图 6-14 所示，但两者的变化速率不同，在很大范围内形核率比晶核长大速度增长更快，因此，增加过冷度能使晶粒细化。图 6-14 过冷度对形核率核长大速度的影响示意图所示为形核率和晶核长大速度与过冷度的关系。在铸造生产时用金属型浇注的铸件比用砂型浇注得到的铸件晶粒细小，就是因为金属型散热快，过冷度大。这种方法只适用于中、小型铸件，因为大型铸件冷却速度较慢，不易获得较大的过冷度，所以冷却速度过大时容易造成铸件变形、开裂，对于大型铸件可采用其他方法使晶粒细化。

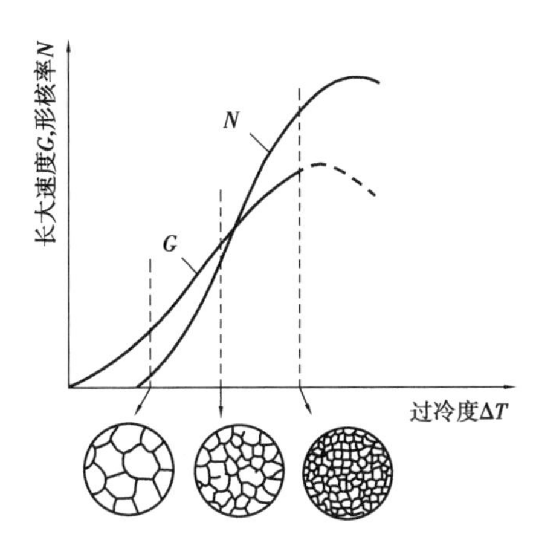

图 6-14　过冷度对形核率核长大速度的影响

随着急冷技术的发展,已成功研制出超细晶金属、非晶态金属等新材料。例如,使液态金属连续流入旋转的冷却轧辊之间,急冷后可获得非晶态金属材料薄带。非晶态金属具有高的强度和韧性、优异的软磁性能、高的电阻率、良好的耐蚀性等优良性能。

2. 变质处理

变质处理又称为孕育处理,是在浇注前向液态金属中加入一些细小的形核剂(又称为变质剂或孕育剂),使它们分散在金属液中作为人工晶核,以增加形核率或降低晶核长大速度,从而获得细小的晶粒。

例如,向钢液中加入铁、硼、铝等,向铸铁中加入硅铁、硅钙等变质剂,均能起到细化晶粒的作用。生产中大型铸件或厚壁铸件,常采用变质处理的方法细化晶粒。

3. 振动处理

金属在结晶时,对金属液加以机械振动、超声波振动和电磁振动等,一方面外加能量能促进形核,另一方面击碎正在生长中的枝晶,破碎的枝晶又可作为新的晶核,从而增加形核率,达到细化晶粒的目的。

四、金属晶体结构的缺陷

前面所介绍的金属晶体结构是理想情况下的结构,在实际使用的金属材料中,由于加进了其他种类的原子,且材料在冶炼后的凝固过程中受到各种因素的影响,使本来有规律的原子排列方式受到干扰,不像理想晶体那样规则排列,这种晶体中原子紊乱排列的现象称为晶体缺陷。按照缺陷在空间的几何形状及尺寸不同,可将晶体缺陷分为点缺陷、线缺陷和面缺陷。晶体结构的不完整性会对晶体的性能产生重大影响,特别是对金属的塑性变形、固态相变以及扩散等过程都起着重要的作用。

1. 点缺陷

点缺陷是指在三维空间各个方向上尺寸都很小(原子尺寸范围内)的缺陷,常见的点缺陷有空位、间隙原子、置换原子等。空位是指在晶格中应该有原子的地方而没有原子,没有原子的结点称为空位,如图 6-15(a)所示;间隙原子是指位于个别晶格间隙之中的多余原子，如图6-15(b)所示；置换原子是指晶格结点上的原子被其他元素的原子所取代，如图6-15(c)所示。在点缺陷附近，由于原子间作用力的平衡被破坏，其周围的其他原子发生靠拢或撑开的不规则排列，这种变化称为晶格畸变。晶格畸变将使材料的力学性能及物理化学性能发生改变，如强度、硬度及电阻率增大，密度减小等。

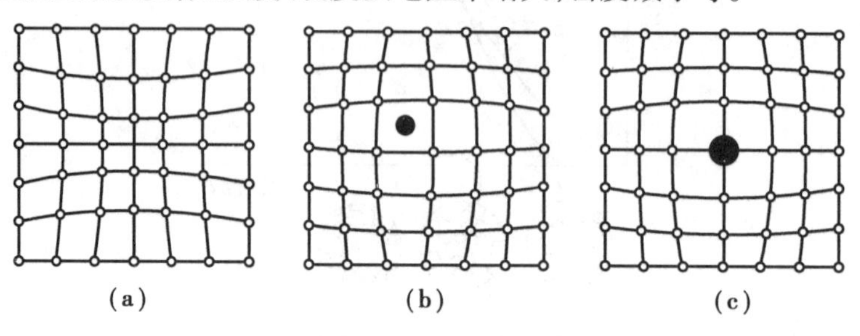

图6-15 点缺陷

(a)空位；(b)间隙原子；(c)置换原子

2. 线缺陷

线缺陷是指晶体内部的缺陷呈线状分布，常见的线缺陷是各种类型的位错。位错是晶格中有一列或若干列原子发生了某些有规律的错排现象。位错的基本类型有两种，即刃型位错和螺型位错。

- 刃型位错：图6-16(a)所示为刃型位错示意图，图中晶体的上半部多出一个原子面(称为半原子面)，它像刀刃一样切入晶体，其刃口即半原子面的边缘便为一条刃型位错线。在位错线周围会造成晶格畸变，严重晶格畸变的范围为几个原子间距。
- 螺型位错：图6-16(b)所示为螺型位错示意图，图中晶体右边的上部原子相对于下部原子向后错动一个原子间距，即右边上部晶面相对于下部晶面发生错动。若将错动区的原子用线连起来，则具有螺旋形特征，故称为螺型位错。

位错是晶体中极为重要的一类缺陷，它对晶体的塑性变形、强度和断裂起着决定性的作用。金属材料的塑性变形便是通过位错运动来实现的。

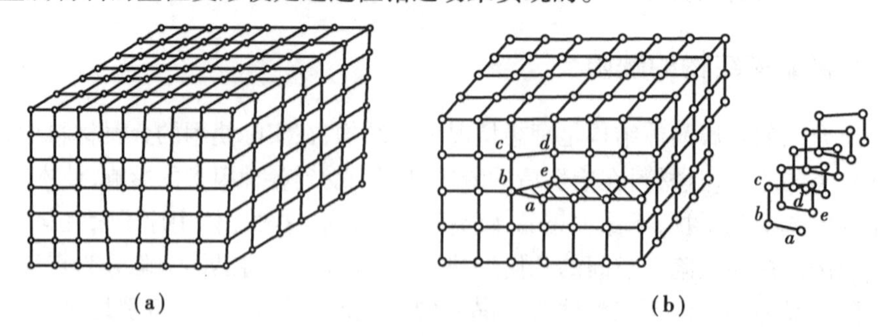

图6-16 线缺陷

(a)刃型位错；(b)螺型位错

3. 面缺陷

面缺陷是指晶体中的晶界和亚晶界，如图6-17所示。

● 晶界:实际金属一般为多晶体,在多晶体中,相邻两晶粒间的位向不同,晶界处原子的排列必须从一个晶粒的位向过渡到另一个晶粒的位向,因此晶界成为两晶粒之间原子无规则排列的过渡层,晶界宽度一般在几个原子间距到几十个原子间距内变动,如图6-17(a)所示。晶界处原子排列混乱,晶格畸变程度较大。

● 亚晶界:多晶体里的每个晶粒内部也不是完全理想的规则排列,而是存在着许多尺寸很小位向差也小的小晶粒,这些小晶粒称为亚晶粒。亚晶粒之间的交界面称为亚晶界,如图6-17(b)所示。在实际金属晶体中存在着许多空位、间隙原子、置换原子、位错、晶界及亚晶界等晶体缺陷,这些晶体缺陷会造成晶格畸变,引起塑性变形抗力的增大,从而使金属的强度提高。

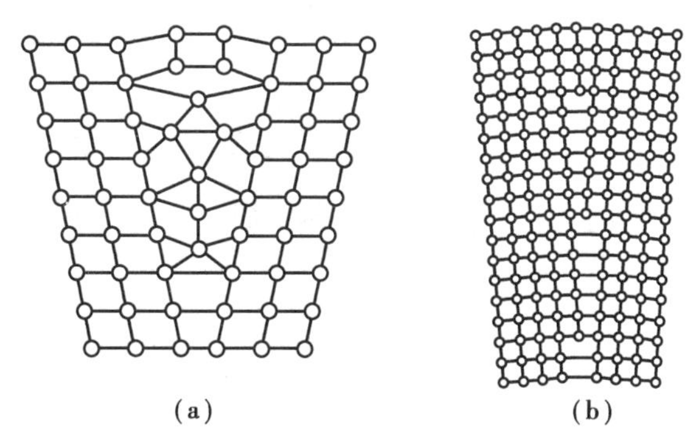

图6-17　晶界与亚晶界示意图

(a)晶界;(b)亚晶界

五、金属的同素异构转变

有些金属在固态下存在着两种以上的晶格形式,在冷却或加热过程中,随着温度的变化,其晶格类型也随之变化。金属在固态下,随着温度的改变由一种晶格转变为另一种晶格的现象称为同素异构转变。具有同素异构转变的金属有铁、钴、锡、锰等。以不同晶格形式存在的同一金属元素的晶体称为该金属的同素异构体。同一金属的同素异构体按其稳定存在的温度,由低温到高温依次用希腊字母 α、β、γ、δ 等表示。

铁是典型的具有同素异构转变的金属,由图6-18所示纯铁的冷却曲线可见,液态纯铁在1 538 ℃结晶,得到具有体心立方晶格的 δ-Fe;继续冷却到1 394 ℃时发生同素异构转变,δ-Fe 转变为面心立方晶格的 γ-Fe;再冷却到912 ℃时又发生间素异构转变,γ-Fe 转变为体心立方晶格的 α-Fe;再继续冷却到室温,晶格类型不再发生变化,保持体心立方晶格的 δ-Fe。此外,在770 ℃时出现了一个平台,此温度下铁的晶格类型没有变化,也不发生形核长大过程。因此,在此不发生同素异构转变,只是原子最外层电子有所变化,释放出一定的热量,该温度称为纯铁的磁性转变点(也称为居里点)。低于770 ℃时纯铁可被磁化,高于770 ℃时纯铁不能被磁化。

$$\underset{\text{(体心立方晶格)}}{\delta\text{-Fe}} \xrightleftharpoons{1\,394\ ℃} \underset{\text{(面心立方晶格)}}{\gamma\text{-Fe}} \xrightleftharpoons{912\ ℃} \underset{\text{(体心立方晶格)}}{\alpha\text{-Fe}}$$

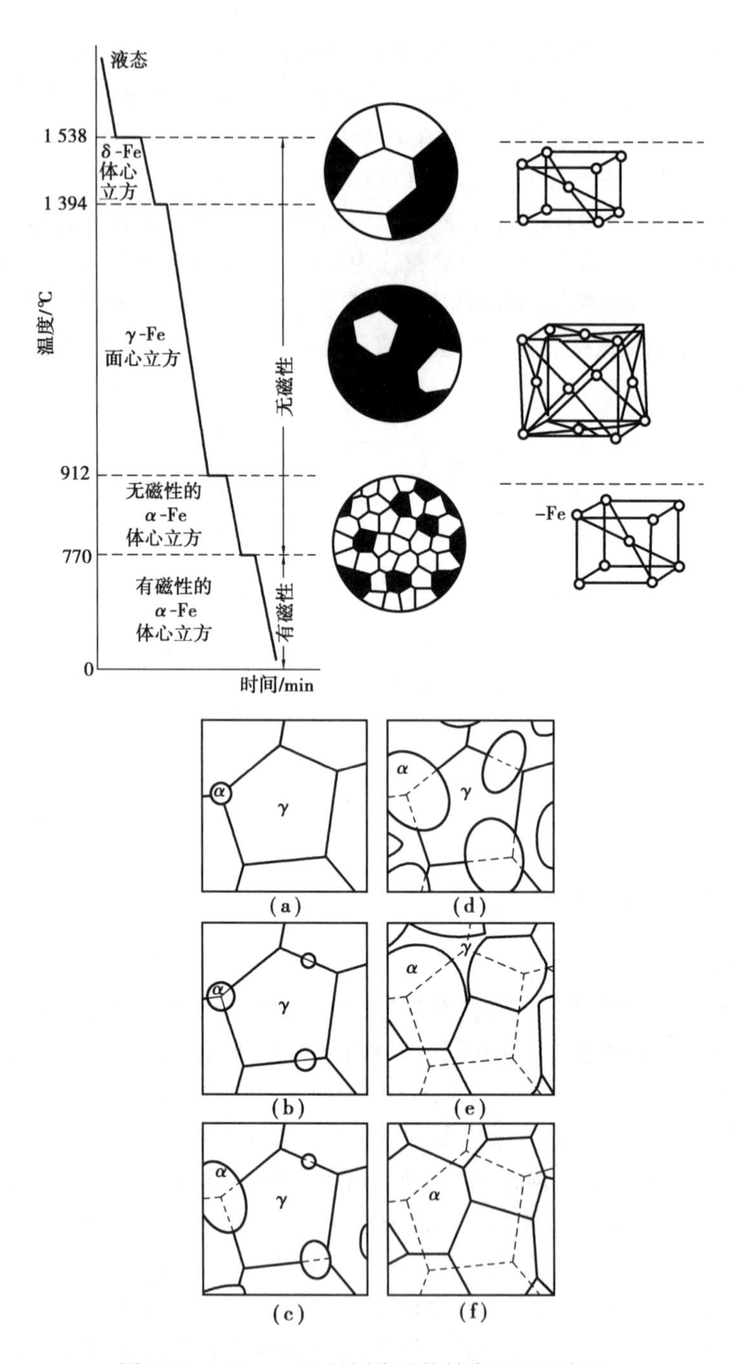

图 6-18 γ-Fe→α-Fe 的同素异构转变过程示意图

应该注意，同素异构转变不仅存在于纯铁中，也存在于以铁为基的钢铁材料中。正是因为具有同素异构转变，钢铁材料才具有多种多样的性能，获得广泛应用，并能通过热处理进一步改善其组织和性能。

因为金属发生同素异构转变时原子重新排列，所以它也是一种结晶过程。为了把这

种固态下进行的转变与液态结晶相区别,特称之为二次结晶或重结晶。

金属的同素异构转变与液态金属的结晶过程有许多相似之处,如有一定的转变温度,转变时有过冷现象,放出或吸收潜热,转变过程是一个形核和晶核长大的过程。

此外,同素异构转变属于固态相变,又具有以下特点:

①在同素异构转变时,新晶粒的晶核优先在旧相晶粒的晶界处形核,当旧相的晶粒较细小时,晶界面积较大,新相形核较多,转变结束后形成的晶粒较细小。

②转变需要较大的过冷度,一般液体金属结晶的过冷度为几摄氏度到几十摄氏度,而固态相变时的过冷度可达几百摄氏度,这主要是因为固态下原子的扩散比液态中困难,转变容易滞后。

③由于不同晶格类型中原子排列的密度不同,在固态相变时伴随着体积变化,转变时会产生较大的组织应力。例如,γ-Fe 转变为 α-Fe 时,铁的体积会膨胀约 1% ,这是钢在热处理时产生应力,导致工件变形和开裂的重要原因。

【议一议】

活动一:记一记细化晶粒的常用方法。

活动二:识记 3 种金属晶体结构的缺陷图。

活动三:分组讨论锰同素异构转变的晶格形态。

【做一做】

一、名词解释

晶体、非晶体、晶格、晶胞、单晶体、多晶体、晶粒、金属的同素异构转变

二、简答题

1. 试用晶面和晶向的相关知识分析单晶体具有各向异性的原因。

2. 金属晶格的常见类型有哪几种? 试绘出它们的晶胞示意图。

3. 实际晶体的晶体缺陷有哪几种类型? 它们对金属的力学性能有哪些影响?

4. 何谓金属的结晶? 纯金属的结晶是由哪两个基本过程组成的?

【评一评】

试用量化方式(评星)评价本节学习情况,并提出意见与建议。

学生自评:____

____

小组互评:____

____

老师点评:____

____

任务三　认识合金及其组织

【情境导入】

合金中组成相的结构和性质对合金的性能起决定性的作用,合金车刀如图6-19所示。同时,合金组织的变化即合金中相的相对数量、各相的晶粒大小、形状和分布的变化,对合金的性能也有很大的影响。利用各种元素的结合以形成各种不同的合金相,再经过合适的处理可能满足各种不同的性能要求。合金组织如何分类?不同组织又具有哪些不同性能呢?

图6-19　合金车刀

【讲一讲】

一、合金组织的分类

合金组织按结合方式分为如下几类,如图6-20所示。

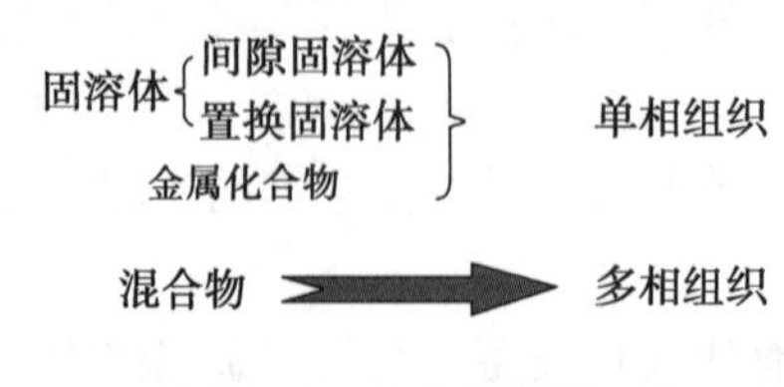

图6-20　合金组织类型

二、固溶体

一种组元的原子溶入另一组元的晶格中所形成的均匀固相。

两组元在液态下互溶，固态也相互溶解，且形成均匀一致的物质。固溶体中含量较多的组元称为溶剂，含量较少的组元称为溶质，固溶体的晶格类型与溶剂组元的晶格类型相同。

1. 固溶体的分类

● 间隙固溶体：溶质原子分布于溶剂晶格中而形成的固溶体。

间隙固溶体的溶剂是直径较大的过渡族金属，而溶质是直径很小的碳、氢等非金属元素。其形成条件是溶质原子半径很小而溶剂晶格间隙较大，一般溶质原子与溶剂原子直径之比必须小于0.59，如图6-21(a)所示。例如铁碳合金中，铁和碳所形成的固溶体——铁素体和奥氏体，皆为间隙固溶体。

● 置换固溶体：溶质原子置换了溶剂晶格结点上某些原子而形成的固溶体。

置换固溶体是溶质原子占据溶剂晶格中的结点位置而形成的固溶体称置换固溶体。当溶剂和溶质原子直径相差不大，一般在15%以内时，元素周期表位置相近，易于形成置换固溶体，如图6-21(b)所示。铜镍二元合金即形成置换固溶体，镍原子可在铜晶格的任意位置替代铜原子。

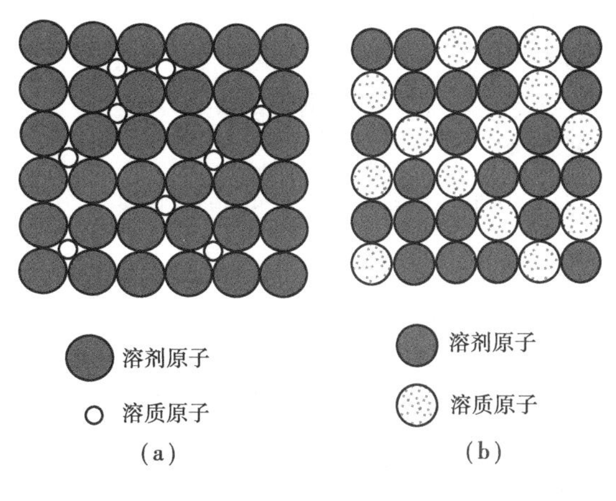

图6-21　固溶体

(a)间隙固溶体；(b)置换固溶体

形成置换固溶体时，溶质原子在溶剂晶格中的溶解度主要取决于两者的晶格类型、原子直径及它们的负电性因素。

2. 固溶体的特性

①保持溶剂的晶格特征。

②溶质原子溶入导致固溶体的晶格畸变(图6-22)而使金属强度、硬度提高，即固溶强化，同时有较好的塑性和韧性。因此常作为结构材料的基本相。

③在物理性能方面，随溶质原子浓度的增加，固溶体的电阻率下降，电阻升高，电阻温度系数减小。

3. 固溶体的应用

适当控制溶质含量，可明显提高强度和硬度，同时仍能保证足够高的塑性和韧性，所以说固溶体一般具有较好的综合力学性能。因此要求有综合力学性能的结构材料,几乎都以固溶体作为基本相。这就是固溶强化成为一种重要强化方法,在工业生产中得以广泛应用的原因。形变强化、固溶强化、热处理都是强化金属的手段。

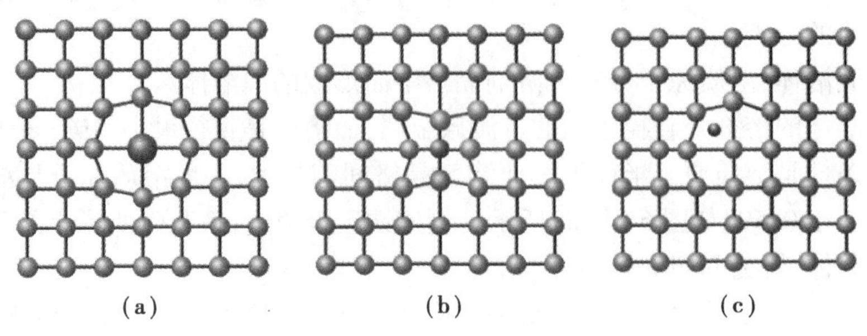

图 6-22　晶格

三、金属化合物

1. 金属化合物的定义

合金组元间发生相互作用而形成一种具有金属特性的物质称为金属化合物。金属化合物的组成一般可用化学式表示。例如:碳钢中的 Fe_3C。

2. 金属化合物的晶格类型

金属化合物不同于任一组元,一般具有复杂的晶格结构。

3. 金属化合物的性能特点

金属化合物具有"三高一稳定"的性能,即熔点高、硬度高、脆性大和良好的化学稳定性。

4. 金属化合物的应用

当合金中出现金属化合物时,通常能提高合金的强度、硬度和耐磨性,但也会使其塑性和韧性降低,根据这一特性,绝大多数的工程材料都将金属化合物作为重要的强化相,而不作为基体相。

四、混合物

1. 混合物的定义

两种或两种以上的相按一定的质量百分数组成的物质称为混合物。

混合物是由两种或多种物质混合而成的,无固定组成和性质,而其中的每种单质或化合物都保留着各自原有的性质,没有经化学合成而组成,属于多相组织。

2. 混合物的晶格类型

混合物保持原来各相的晶格类型。

3. 混合物的性能特点

混合物的性能取决于原来各组成相的性能,以及它们分布的形态、数量及大小。

五、3 种合金组织的特点

3 种合金组织的性能特点见表 6-2。

表 6-2　3 种合金组织的性能特点

合金组织	定义	晶格类型	性能特点
固溶体	一种组元的原子溶入另一种组元的晶格中所形成的均匀固相	保持溶剂的晶格类型	固溶强化
金属化合物	合金组元之间相互作用形成一种具有金属特性的物质	不同于任一组元,具有复杂的晶格类型	三高一稳定
混合物	两种或两种以上的相按一定的质量百分数组成的物质	保持原来各相的晶格类型	取决于各组成相的性能,以及它们分布的形态、数量、大小

【议一议】

活动一：记一记合金组织按照结构可以分为哪几种。

活动二：识记间隙固溶体、置换固溶体晶体结构。

【做一做】

简答题

1. 列举 3 种常见合金并说明其组织相。

2. 分别列举固溶体、金属化合物、混合物合金材料。

【评一评】

试用量化方式(评星)评价本节学习情况,并提出意见与建议。

学生自评:____

____

小组互评:____

____

老师点评:____

____

【拓展阅读】

合金的基本概念

1. 合金

合金是以一种金属为基础,加入其他金属或非金属,经过熔合而获得的具有金属特性的材料。即合金是由两种或两种以上的元素所组成的金属材料。例如:

①钢、铸铁都是铁与碳组成的合金。

②普通黄铜是铜与锌组成的合金。

③硬铝是铝、铜、镁组成的合金。

2. 组元

组元是指组成合金最简单的、最基本的、能够独立存在的元物质,简称元。大多数情况下是金属或非金属元素,但在研究范围内既不发生分解也不发生任何化学反应的稳定的化合物也可称为组元。根据组成合金组元数目的多少,合金可分为二元合金、三元合金和多元合金。例如:

①普通黄铜就是由铜和锌 2 种组元组成的,称为二元合金。

②硬铝是由铝、铜、镁 3 种组元组成的,称为三元合金。

3. 相

相是指合金中成分、结构及性能相同的组成部分。

体系内部物理和化学性质完全均匀的部分称为相。体系中相的总数称为相数,用 P 表示。

- 气体:一般是一个相。
- 液体:视其混溶程度而定,可有 1,2,3,…个相。
- 固体:有几种物质就有几个相,如水泥生料;但如果是固溶体和金属化合物时为一个相。

相和组元的区别是相和组元不是一个概念,相是合金中具有同一化学成分、同一结构和原子聚集状态,并以界面相互分开的、均匀的组成部分;组元是组成合金的基本的独立物质,可以是金属和非金属,也可以是化合物。

例如,同时存在水蒸气、液态的水和冰的系统是三相系统,尽管这个系统里只有一个组分——水。

4. 组织

组织是指合金中不同相之间相互组合配置的状态。换言之,数量、大小和分布方式不同的相构成了合金不同的组织。

- 单相组织:单一相构成的组织。
- 多相组织:不同相构成的组织。

组织是材料中的直观形貌,可以用肉眼观察到,也可以借助于放大镜、显微镜观察微观形貌。分为:

- 宏观组织:肉眼或是30倍放大镜所呈现的形貌。
- 显微组织:显微镜观察而呈现的形貌。

任务四　熟悉铁碳合金的基本组织与性能

【情境导入】

如图6-23所示的管件是由铁碳合金制成,铁碳合金,是以铁和碳为组元的二元合金。钢铁材料适用范围广的主要原因是其可用的成分跨度大,从近于无碳的工业纯铁到含碳4%左右的铸铁,在此范围内合金的相结构和微观组织发生很大的变化,采用各种金属热处理技术,可以大幅度地改变某一成分合金的组织和性能。铁碳合金的组织有几种?不同组织具有哪些性能?

图6-23　管件

【讲一讲】

铁碳合金的基本组织

钢铁材料是现代工业中应用最为广泛的金属材料,其中碳钢和铸铁都是铁和碳的合金。在铁碳合金中,碳与铁可以形成固溶体,也可以形成化合物,还可以形成混合物。在铁碳合金中有以下几种基本相及组织。

1. 铁素体

碳溶解于体心立方晶格的 α-Fe 中形成的间隙固溶体称为铁素体，用符号 F 表示，如图 6-24 所示。由于 α-Fe 晶格间隙较小，所以铁素体溶碳量很小，727 ℃时碳在 α-Fe 中的溶解度最大质量分数为 0.021 8%，室温时溶解度几乎为零（W_C =0.000 8%）。铁素体性能与纯铁相似，即具有良好的塑性和韧性，强度和硬度较低。铁素体的显微组织如图6-25所示。

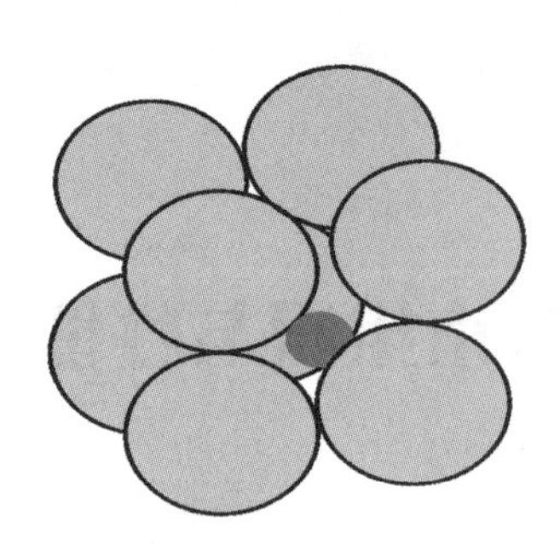

图 6-24　铁素体的模型

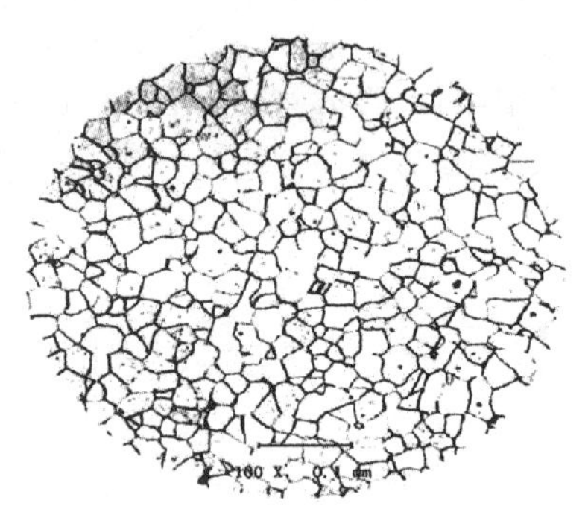

图 6-25　铁素体的显微组织

2. 奥氏体

碳溶解于面心立方晶格的 γ-Fe 中形成的间隙固溶体为奥氏体，用符号 A 表示，如图 6-26 所示。由于 γ-Fe 晶格间隙较大，故奥氏体溶碳能力较强。727 ℃时碳在奥氏体中的溶解度为 W_C =0.77%，随着温度的升高，溶解度逐渐增大，在 1 148 ℃时达到 W_C =2.11%。奥氏体存在于 727 ℃以上的高温范围内，且呈面心立方晶格，具有良好的塑性，大多数钢材要加热到高温奥氏体状态进行塑性变形加工。当铁碳合金缓慢冷却到 727 ℃时，奥氏体转变为其他类型的组织。奥氏体的显微组织如图 6-27 所示。

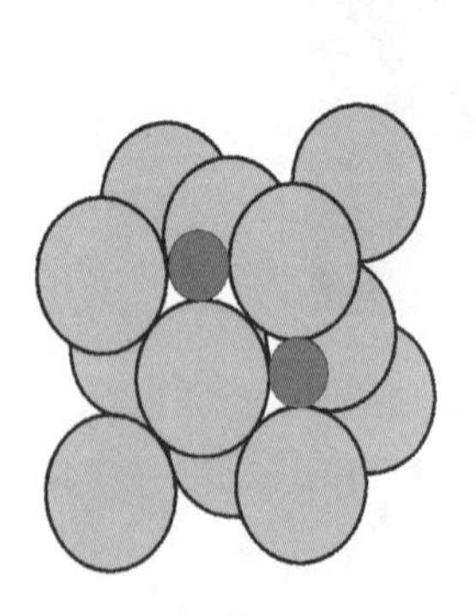

图 6-26　奥氏体的模型

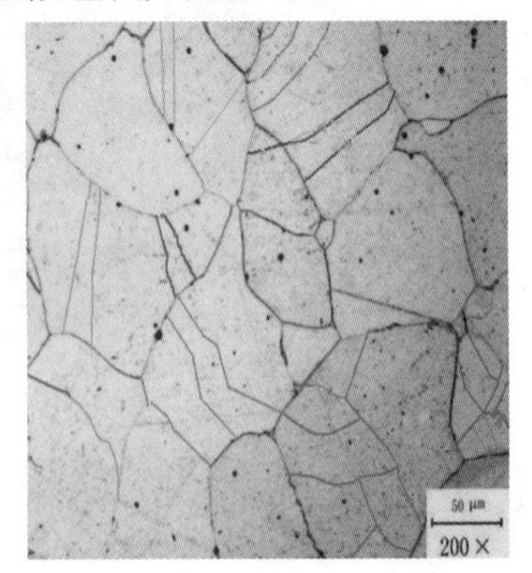

图 6-27　奥氏体的显微组织

3. 渗碳体

渗碳体是一种具有复杂晶体结构的金属化合物，其化学式为 Fe_3C。渗碳体具有复杂的斜方晶体结构，与铁和碳的晶体结构完全不同，如图 6-28 所示。渗碳体的性能特点是

高熔点(1 227 ℃)、高硬度(950 ~ 1 050 HV),断后伸长率和冲击韧度几乎为零。

渗碳体没有同素异构转变,但有磁性转变,在 230 ℃以下具有弱铁磁性,而在 230 ℃以上则失去磁性。在适当的条件下(如高温长期停留或极缓慢冷却),渗碳体可分解为铁和石墨,这对铸铁的生产具有重要意义。

4. 珠光体

珠光体是铁素体和渗碳体的混合物,用符号 P 表示。奥氏体从高温缓慢冷却时发生共析转变,形成渗碳体和铁素体片层相间、交替排列形成的混合物,其平均碳的质量分数为0.77%,如图 6-29 所示。在珠光体中铁素体和渗碳体仍保持各自原有的晶格类型,珠光体的性能介于铁素体和渗碳体之间,有一定的强度和塑性,硬度适中,是一种综合力学性能较好的组织。

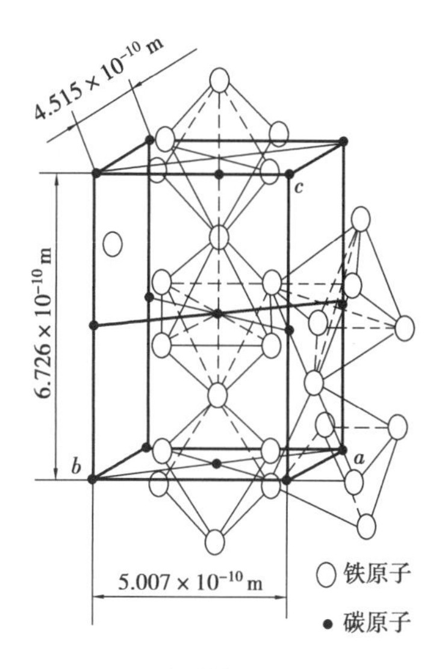

图 6-28　渗碳体的晶胞示意图

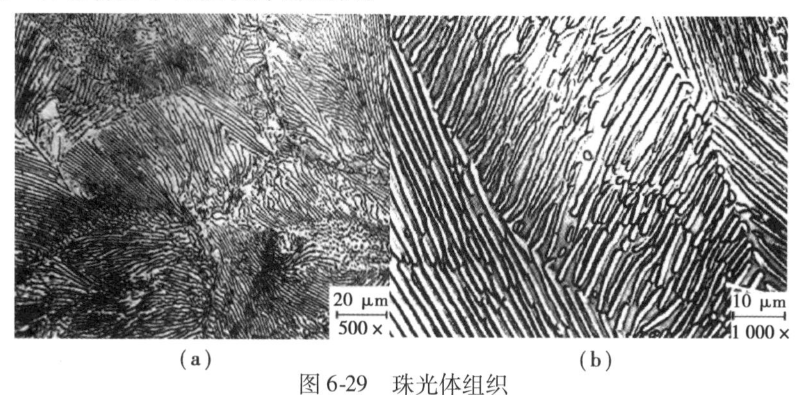

(a)　　(b)

图 6-29　珠光体组织

(a)光学显微镜观察组织;(b)电子显微镜观察组织

5. 莱氏体

莱氏体是奥氏体和渗碳体的混合物,用符号 L′d 表示,由碳的质量分数为 4.3% 的液态铁碳合金在凝固过程中发生共晶转变形成。当温度降到727 ℃时,奥氏体将转变为珠光体, 所以在室温时莱氏体由珠光体和渗碳体组成,称为低温莱氏体,用符号 L′d 表示。莱氏体的力学性能和渗碳体相似,硬度很高,塑性很差。如图 6-30 所示,莱氏体的显微组织可以看成在渗碳体的基体上分布着颗粒状的奥氏体(或珠光体)。

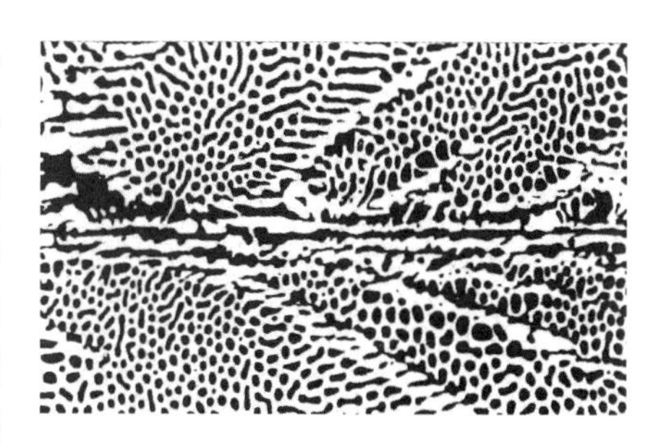

图 6-30　低温莱氏体的显微组织

上述 5 种基本组织中,铁素体、奥氏体和渗碳体都是单相组织,称为铁碳合金的基本相;珠光体、莱式体则是由基本相组成的多相组织。铁碳合金的基本组织和力学性能见表 6-3。

表 6-3 铁碳合金的基本组织和力学性能

组织名称	符号	碳的质量分数 W_C/%	存在温度区间/℃	力学性能		
				R_m/MPa	A/%	HBW
铁素体	F	~0.021 8	室温~912	180~280	30~50	50~80
奥氏体	A	~2.11	727 以上		40~60	120~220
渗碳体	Fe_3C	6.69	室温~1 148	30	0	~800
珠光体	P	0.77	室温~727	800	20~35	180
莱氏体	L′d	4.30	室温~727		0	>700
	Ld		727~1 148			

【议一议】

活动：识记 5 种铁碳合金显微组织结构。

【做一做】

简答题

1. 列举铁碳合金 5 种组织对应实例。

2. 列举一种金属材料的热处理过程并分析各个过程合金组织成分。

【评一评】

试用量化方式（评星）评价本节学习情况，并提出意见与建议。

学生自评：______________________________

____

小组互评：______________________________

____

老师点评：______________________________

____

任务五　分析铁碳合金相图

【情境导入】

铁碳合金相图实际上是 $Fe\text{-}Fe_3C$ 相图，铁碳合金的基本组元也应该是纯铁和 Fe_3C。铁存在着同素异构转变，即在固态下有不同的结构。铁碳合金相图是研究铁碳合金的工具，是研究碳钢和铸铁成分、温度、组织和性能之间关系的理论基础，也是制订各种热加工工艺的依据。铁碳合金相图包含哪些特性点和特性线？

【讲一讲】

铁碳合金相图是不同化学成分的铁碳合金在极缓慢冷却（或极缓慢加热）的条件下，在不同温度下所具有的组织状态的图形。碳的质量分数超过 6.69% 的铁碳合金脆性很大，没有使用价值，工业上使用的铁碳合金中碳的质量分数一般不超 5%。因此，在铁碳合金相图中，仅研究碳的质量分数为 0% ~6.69% 的部分，即 $Fe\text{-}Fe_3C$ 部分，故铁碳合金相图也可以认为是 $Fe\text{-}Fe_3C$ 相图。为了便于研究和分析，将相图上实用意义不大的左上角部分（液相向 δ-Fe 及 δ-Fe 向 γ-Fe 转变部分），以及左下角 GPQ 线的左边部分予以省略，经简化后的 $Fe\text{-}Fe_3C$ 相图如图 6-31 所示。

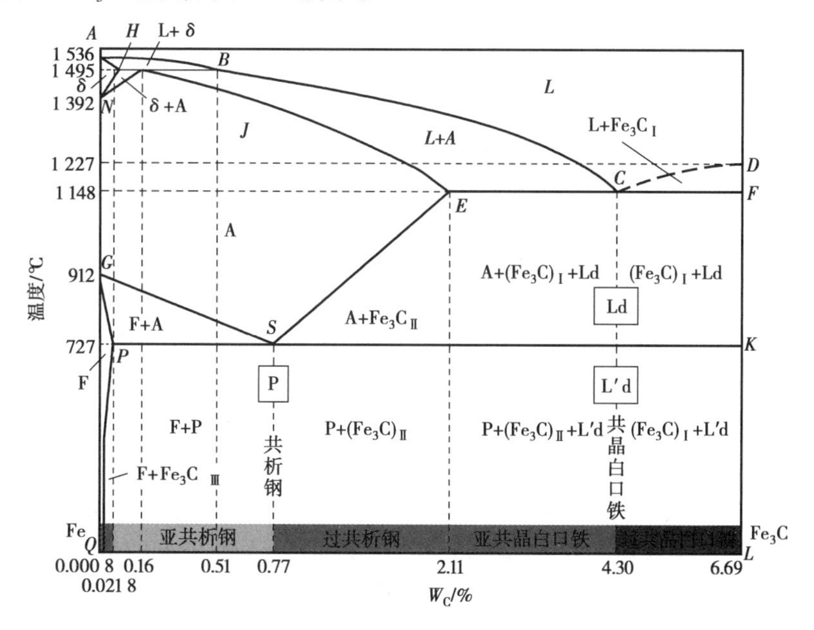

图 6-31　简化后的 $Fe\text{-}Fe_3C$ 相图

一、$Fe-Fe_3C$ 相图中的特性点

铁碳合金相图中主要特性点的温度、含碳量及含义见表6-4。

表6-4 $Fe-Fe_3C$ 相图中的特性点

点的符号	温度 T/℃	碳的质量分数 W_C/%	含　义
A	1 538	0	纯铁的熔点或结晶温度
C	1 148	4.3	共晶点，发生共晶转变
D	1 227	6.69	渗碳体的熔点
E	1 148	2.11	碳在 γ-Fe 中的最大溶解度
F	1 148	6.69	共晶渗碳体的化学成分点
G	912	0	纯铁的同素异构转变点
S	727	0.77	共析点，发生共析转变
P	727	0.021 8	碳在 α-Fe 中的最大溶解度

二、$Fe-Fe_3C$ 相图中的主要特性线

• 液相线 *ACD*：此线以上区域为液相，称为液相区，用 L 表示，对应成分的液态合金冷却到此线上的对应点时开始结晶。在 *AC* 线以下结晶出奥氏体，在 *CD* 线以下结晶出渗碳体（称为一次渗碳 $Fe_3C_Ⅰ$）。

• 固相线 *AECF*：对应成分的液态合金冷却到此线上的对应点时完成结晶过程，转变为固态，此线以下为固相区。在液相线与固相线之间是液态合金从开始结晶到结晶终了的过渡区，所以此区域液相与固相并存。*AEC* 区内为液相合金与固相奥氏体并存，*CDF* 区内为液相合金与固相渗碳体并存。

• 共晶线 *ECF*：当不同成分的液态合金冷却到此线（1 148 ℃ ）时，在此之前已结晶出部分固相（A 或 Fe_3C），剩余液态合金碳的质量分数变为 4.3% ，将发生共晶转变，从剩余液态合金中同时结晶出奥氏体和渗碳体的混合物，即莱氏体（Ld）。共晶转变是一种可逆转变。

• 共析线 *PSK*：当合金冷却到此线（727 ℃）时将发生共析转变，从奥氏体中同时析出铁素体和渗碳体的混合物，即珠光体（P）。共析转变也是一种可逆转变。

• *GS* 线：奥氏体冷却时析出铁素体的开始线（或加热时铁素体转变为奥氏体的终止线），又称为 A_3 线。奥氏体向铁素体的转变是铁发生同素异构转变的结果。

• *ES* 线：碳在奥氏体中的溶解度曲线，又称为 A_{cm} 线。随着温度的变化，奥氏体的溶碳能力沿该线上的对应点变化。在 1 148 ℃时，碳在奥氏体中的溶解度最大为 2.11%（*E* 点碳的质量分数），在 727 ℃时降到 0.77%（*S* 点碳的质量分数）。

在 *AGSE* 区内为单相奥氏体。含碳量较高（$W_C > 0.77\%$）的奥氏体，在从 1 148 ℃缓

冷到 727 ℃的过程中，其溶碳能力降低，多余的碳会以渗碳体的形式从奥氏体中析出，称为二次渗碳体（Fe_3C_{II}）。

$Fe\text{-}Fe_3C$ 相图的特性线及其含义见表 6-5。

表 6-5　$Fe\text{-}Fe_3C$ 相图中的特性线

特性线	含　义
ACD	液相线
AECF	固相线
GS	常称为 A_3 线，冷却时从不同含碳量的奥氏体中析出铁素体的开始线
ES	碳在奥氏体中的饱和溶解曲线
ECF	共晶线 $\rightleftharpoons L_c(A + Fe_3C)$
PSK	共析线，常称 A_1 线，$A_s \rightleftharpoons (F + Fe_3C)$

三、铁碳合金的分类

根据含碳量和室温平衡组织的不同，铁碳合金一般分为工业纯铁、钢、白口铸铁，见表 6-6。

表 6-6　铁碳合金的分类

合金类别	工业纯铁	钢			白口铸铁		
		亚共析钢	共析钢	过共析钢	亚共晶白口铸铁	共晶白口铸铁	过共晶白口铸铁
碳的质量分数/%	≤0.021	$0.021\,8 < W_C \leqslant 2.11$			$2.11 < W_C \leqslant 6.69$		
		<0.77	0.77	>0.77	<4.3	4.3	>4.3
室温组织	F	F + P	P	$P + Fe_3C_{II}$	$L'd + P + Fe_3C_{II}$	L′d	$L'd + Fe_3C_I$

1. 共析钢的结晶过程分析

共析钢（$W_C = 0.77\%$）的冷却过程如图 6-32 中 Ⅰ 线所示。液态合金在 1 点温度以上全部为液相（L）；缓冷至 1 点温度时，开始从液相中结晶出奥氏体（A）；随着温度的降低，奥氏体增多，液相减少；缓冷至 2 点温度时，液相全部结晶为奥氏体；在 2 ~ 3 点温度范围内为单相奥氏体的冷却；当冷却到 3 点时奥氏体发生共析转变 $A_{0.77} \xrightleftharpoons{727\ ℃} (F + Fe_3C)$，奥氏体 A 转变为珠光体 P，如图 6-33 所示。

2. 亚共析钢的结晶过程分析

亚共析钢（$0.021\,8\% < W_C < 0.77\%$）的冷却过程如图 6-32 中 Ⅱ 线所示。当液态合

金冷却至与 *AC* 线上的 1 点时开始结晶出奥氏体，到 2 点时结晶完毕。在 2 点到 3 点之间，奥氏体组织不发生转变，冷却到与 *GS* 线相交的 3 点时，从奥氏体中开始析出铁素体(F)。因为铁素体中碳的质量分数为 0.021 8% ，随着铁素体的析出，剩余奥氏体中含碳量增高，当温度降至与 *PSK* 线相交的 4 点时，剩余奥氏体中碳的质量分数达到 0.77% ，此时，奥氏体发生共析转变，转变为珠光体。4 点以下至室温，合金组织基本不发生变化，如图 6-34 所示。

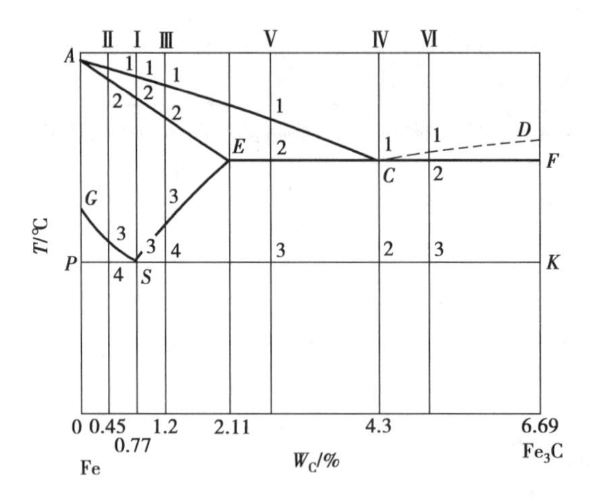

图 6-32　共析钢的结晶过程图

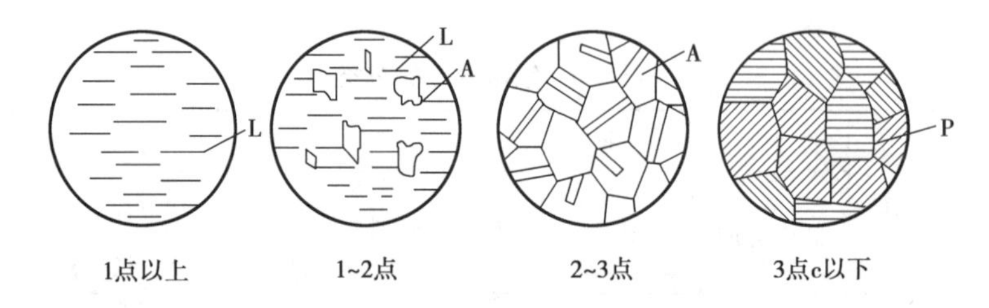

图 6-33　共析钢结晶过程示意图

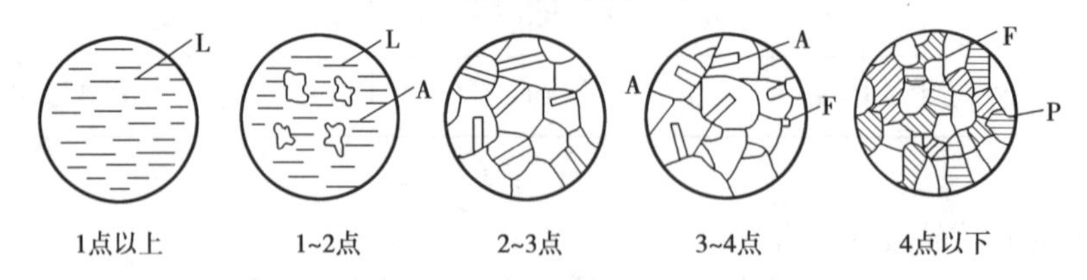

图 6-34　亚共析钢结晶过程示意图

亚共析钢的室温组织由珠光体和铁素体组成，其显微组织如图 6-35 所示。亚共析钢的含碳量越高，珠光体数量越多。

3. 过共析钢的结晶过程分析

过共析钢(0.779% < W_C <2.11 %)的冷却过程如图 6-36 中Ⅲ线所示。液态含金冷却到 1 点时，开始结晶出奥氏体，到 2 点时奥氏体结晶完毕，2 ~ 3 点为单相奥氏体。随着温度的下降奥氏体的溶碳能力降低，当合金冷却到与 ES 线相交的 3 点时，奥氏体中的含碳量达到

饱和，继续冷却，碳以渗碳体的形式从奥氏体中析出，称为二次渗碳体（Fe_3C_{II}）。当温度降至与 *PSK* 线相交的 4 点时，剩余奥氏体中碳的质量分数达到 0.77%，发生共析转变，奥氏体转变为珠光体。4 点以下至室温，合金组织基本不发生变化，如图 6-36 所示。

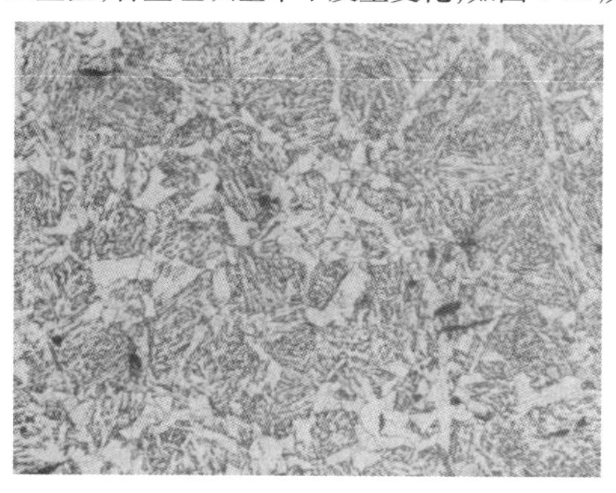

图 6-35 亚共析钢显微组织（500×）

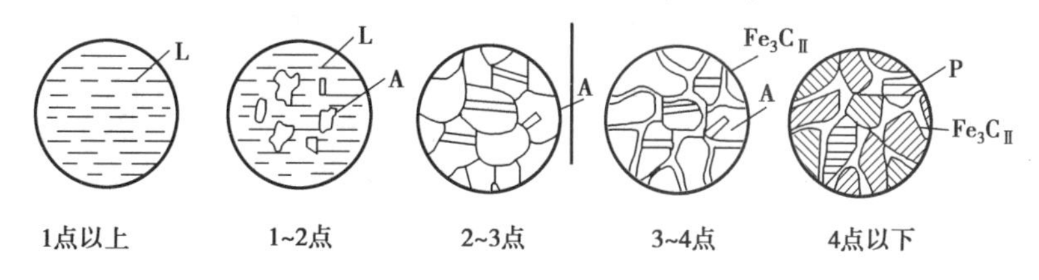

图 6-36 过共析钢结晶过程示意图

过共析钢室温下得到的平衡组织为二次渗碳体和珠光体，二次渗碳体一般沿奥氏体晶界析出，呈网状分布。钢中含碳量越多，二次渗碳体也越多，W_C = 1.2% 的过共析钢的显微组织如图 6-37 所示。

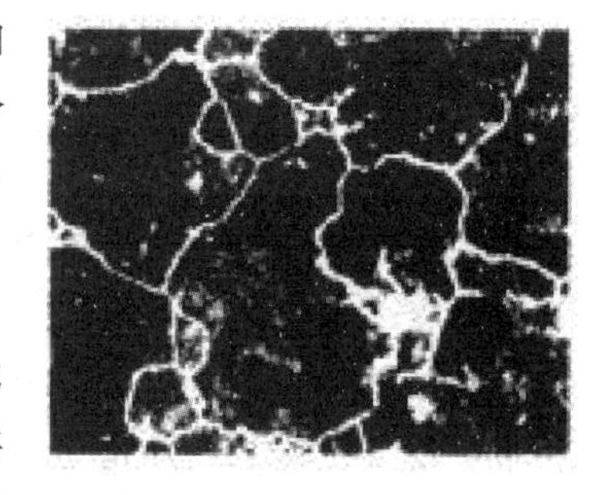

图 6-37 W_C = 1.2% 的过共析钢的显微组织

4. 共晶白口铸铁的结晶过程分析

共晶白口铸铁（W_C = 4.3%）的冷却过程如图 6-32 中Ⅳ线所示。当液态合金冷却至 1 点温度时，将发生共晶转变，生成莱氏体（Ld），即奥氏体和共晶渗碳体 Fe_3C 的混合物。由 1 点温度继续冷却，奥氏体的溶碳能力逐渐降低，莱氏体中的奥氏体不断析出二次渗碳体。当温度降到 2 点（727 ℃）时，剩余奥氏体中碳的质量分数降到 0.77%，发生共析转变，生成珠光体。随着温度降到室温，莱氏体（Ld）转变为低温莱氏体 L′d。共晶白口铸铁的结晶过程如图 6-38 所示。

共晶白口铸铁室温下的组织是由珠光体、二次渗碳体和共晶渗碳体组成的低温莱氏体。

5. 亚共晶白口铸铁的结晶过程分析

亚共晶白口铸铁（2.11% < W_C < 4.3%）的结晶过程如图 6-32 中Ⅴ线所示。当液态合

金冷却至 1 点温度时,开始结晶出奥氏体。随着温度的下降,结晶出的奥氏体不断增多,因为奥氏体中碳的最大质量分数为 2.11% ,剩余液相中含碳量逐渐增大。当冷却至 2 点温度(1 148 ℃)时,剩余液相中碳的质量分数达到 4.3% ,发生共晶转变,生成莱氏体。在随后的冷却过程中,奥氏体中析出二次渗碳体。当温度降至 3 点(727 ℃)时,奥氏体中碳的质量分数降为 0.77%,发生共析转变而生成珠光体。亚共晶白口铸铁的结晶过程如图 6-39 所示,其显微组织如图 6-40 所示。室温下亚共晶白口铸铁的组织为珠光体、二次渗碳体和低温莱氏体。

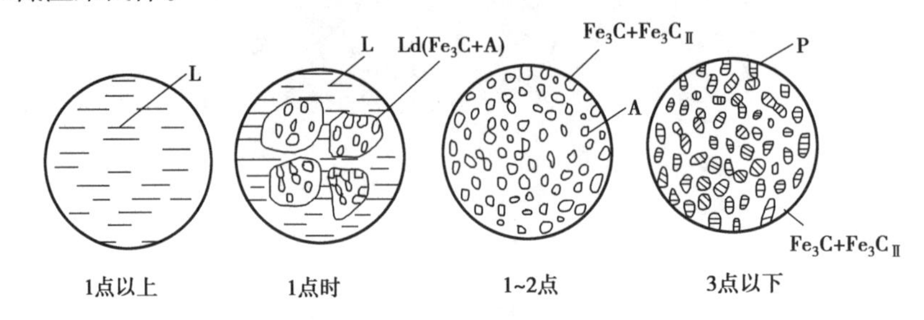

图 6-38 共晶白口铸铁结晶过程示意图

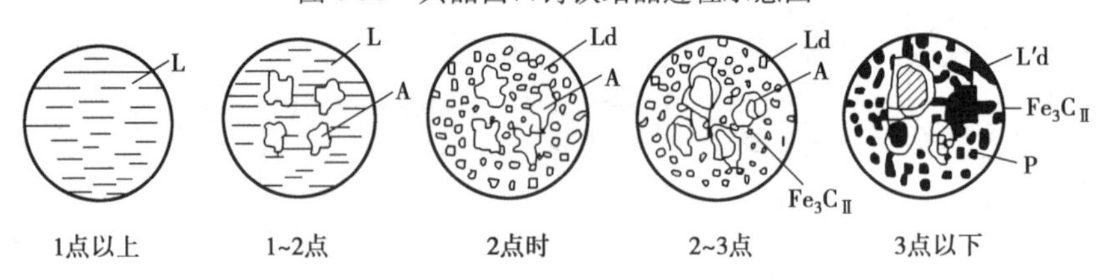

图 6-39 亚共晶白口铸铁结晶过程示意图

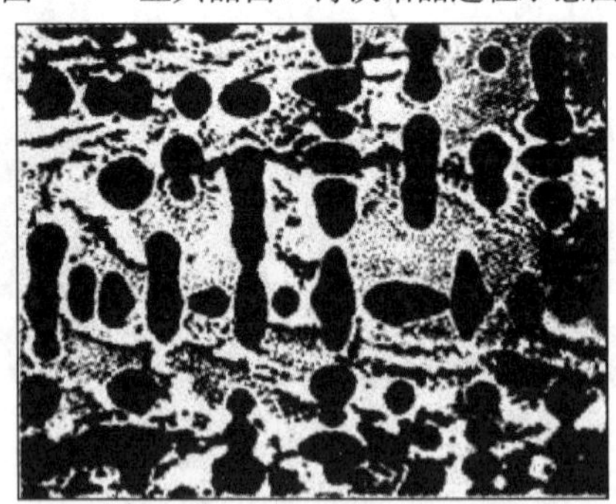

图 6-40 亚共晶白口铸铁的显微组织

6. 过共晶白口铸铁的结晶过程分析

过共晶白口铸铁($4.3\% < W_C < 6.69\%$)的结晶过程如图 6-32 中Ⅵ线所示。其结晶过程与亚共晶白口铸铁相似,不同的是在共晶转变前由液相先结晶出一次渗碳体。当液态合金冷却到 2 点(1 148 ℃)时,剩余液相中碳的质量分数达到 4.3% 而发生共晶转变,在随后的冷却中一次渗碳体不发生转变。过共晶白口铸铁的结晶过程如图 6-41 所示,其显微组织如图 6-42 所示。室温下过共晶白口铸铁的组织为一次渗碳体和低温莱氏体。

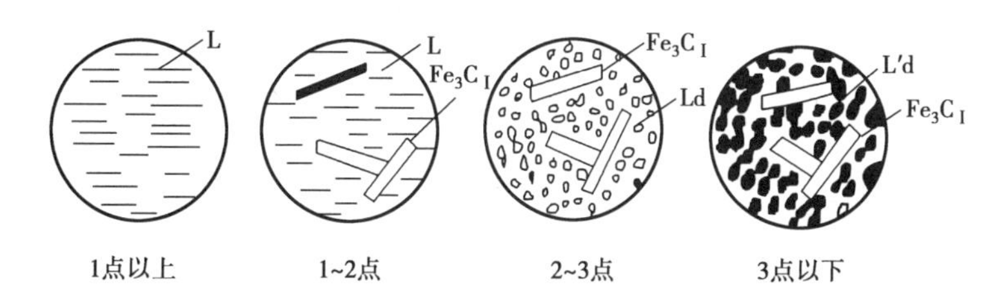

图 6-41　过共晶白口铸铁结晶过程示意图

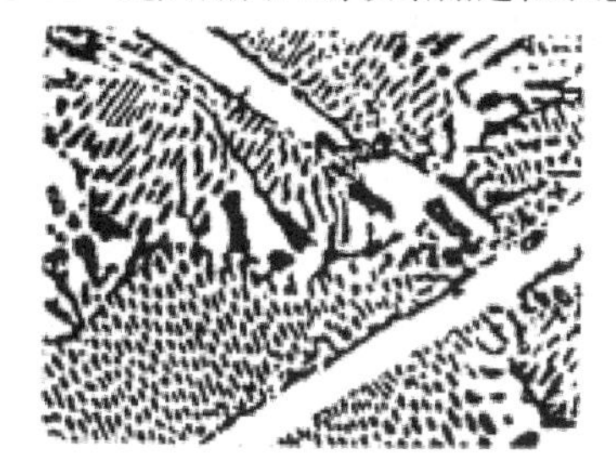

图 6-42　过共晶白口铸铁的显微组织

四、铁碳合金的成分、组织与性能的关系

根据对铁碳合金结晶过程中组织转变的分析得知,室温下共析钢的基本组成物质是珠光体,亚共析钢为珠光体和铁素体,过共析钢为珠光体和二次渗碳体。室温下共晶白口铸铁的基本组成物质是低温莱氏体,亚共晶白口铸铁由低温莱氏体、珠光体和二次渗碳体组成,过共晶白口铸铁由低温莱氏体和一次渗碳体组成。

铁碳合金随着含碳量不同,其室温组织顺序为 $F \to F + P \to P \to P + Fe_3C_{II} \to P + Fe_3C_{II} + L'd \to L'd \to L'd + Fe_3C_I$。其中的珠光体和低温莱氏体由铁素体和渗碳体组成,因此可以认为铁碳合金的室温组织都是由铁素体和渗碳体组成的。由于铁素体在室温时的含碳量很低,因此在铁碳合金中碳主要以渗碳体的形式存在。

铁碳合金的成分对合金的力学性能有直接的影响。含碳量越高,钢中的硬脆相 Fe_3C 越多,钢的强度、硬度越高,而塑性、韧性越低。当碳的质量分数超过 0.9%,由于二次渗碳体沿晶界呈网状分布,将钢中的珠光体组织割裂开来,使钢的强度有所降低。为了保证工业上使用的钢有足够的强度,并具有一定的塑性和韧性,钢材碳的质量分数一般不超过 1.4%。

【议一议】

活动一:分组讨论 $Fe\text{-}Fe_3C$ 相图中的主要特性线。

活动二:对比分析 6 种铸铁结晶显微组织。

【做一做】

判断题(正确的打√,错误的打×)

1. 含碳量和室温平衡组织的不同,铁碳合金一般分为工业纯铁、钢、白口铸铁。 (　　)
2. 亚共析钢的室温组织由珠光体和铁素体组成。 (　　)
3. 亚共析钢的含碳量越高,珠光体数量越少。 (　　)
4. 共晶白口铸铁室温下的组织是由珠光体、二次渗碳体和共晶渗碳体组成的低温莱氏体。 (　　)
5. 含碳量越高,钢中的硬脆相 Fe_3C 越多,钢的强度、硬度越高,而塑性、韧性越低。 (　　)

【评一评】

试用量化方式(评星)评价本节学习情况,并提出意见与建议。

学生自评:____

____

小组互评:____

____

老师点评:____

____

任务六　熟悉铁碳合金相图的应用

【情境导入】

铁碳合金相图可以看出不同含碳量的铁碳合金,具有不同的晶相组织,但任何成分的铁碳合金在室温下的组织均由铁素体和渗碳体两相组成。只是随含碳量的增加,铁素体量相对减少,而渗碳体量相对增多,渗碳体的形状和分布也发生变化,从而形成不同的组织。铁碳合金相图在实际生产生活中能应用到哪些地方呢?

【讲一讲】

铁碳合金相图是一个比较复杂的二元合金相图。它不仅可以表示不同成分的铁碳合金在平衡条件下的成分、温度与组织之间的关系,而且可以推断其性能与成分、温度的关系。因此,铁碳合金相图是研究钢铁成分、组织和性能之间的理论基础,也是制定各种热

加工工艺的依据。在工业生产中,需要钢铁的性能各不一样,在其强度、硬度、塑性、韧性各方面都有可能有不同的要求,那么,怎样才能得到需要的铁碳合金呢?这就需要我们对铁碳合金相图有充分的认识和使用能力。所以,铁碳合金相图在生产实际中有着广泛的作用。因为铁碳合金相图是从客观上反映了钢铁材料的组织随成分和温度变化的规律,所以,在生产实际中,铁碳合金相图在为工程上选材、用材,铸、锻、焊,热处理等工艺流程方面有着广泛的应用。

1. 在选材方面的应用

由铁碳合金相图可见,铁碳合金中随着碳含量的不同,其平衡组织也各不相同,随着含碳量的升高,组织成分为铁素体 + 珠光体、珠光体、珠光体 + 二次渗碳体、珠光体 + 二次渗碳体 + 莱氏体、莱氏体、一次渗碳体 + 莱氏体。对其铁碳合金的名称为工业纯铁、亚共析钢、共析钢、过共析钢、亚共晶白口铸铁、共晶白口铸铁、过共晶白口铸铁。

大体依次是强度、硬度随之增强,韧性、塑性随之减弱。所以,我们可以根据工件的不同性能要求来更好地选择合适的材料。例如,一些机器的底座、要求不太高的外形复杂的箱体,我们可以选用铸铁材料,其含碳量高,流动性较好,熔点低,易于铸造;对于一些桥梁、船舶、锅炉、车辆及塔吊、起重机等对塑性、韧性要求较高的工件材料我们可以选用含碳量低一些的亚共析钢,其有一定强度,但含碳量少,韧性、塑性高;对于一些活塞及机器内部一些受冲击载荷要求较高强度的零件材料,多选用综合性能比较好的亚共析钢,即含碳量中等的亚共析钢,其强度和韧性都比较好;而制造各种切削刀具,各种模具,量具时,就要选用含碳量较高的共析钢、过共析钢,其含碳量较高,所以强度硬度很高,有很高的抗变形能力和耐磨性。

2. 在铸造生产上的应用

我们参照铁碳合金相图,通过合金相图中铁碳合金的液相线,我们可以研究铁碳合金中随着含碳量的增加,其合金熔点的变化情况,进而知道各种含碳量的钢的浇铸温度。

由相图可知,随着含碳量的增加,铁碳合金的熔点是随之下降的。所以,工业纯铁的熔点最高,铸铁的熔点最低。而由实验和工业实践得知,铁碳合金的浇铸温度通常应在铁碳合金的液相线以上 50 ~60 ℃为宜。由合金相图可知,随着含碳量的增加,铁碳合金的常温组织形态和性能都有了很大的变化。这其中所有成分的合金中,以含共晶成分的白口铸铁和工业纯铁铸造工艺性能最好,这是因为它们的结晶温度区间最小(可到零),故流动性好,可以得到致密结实的高质量铸件。所以,在日常生产中,接近共晶成分的铸铁在铸造生产中应用是最广泛的。但是,铸铁往往强度、硬度足够,但是脆性较大,抗变形能力也较差,可焊性差,这种情况下,就用到了铸钢,所以铸钢也是比较常用的一种铸造和金。但是,由于其熔点高,结晶温度区间较大,流动性差,得到的铸件不够致密,其铸造工艺性能比铸铁差,所以这种刚往往需要经过一些热处理(退火或正火)后才能使用。由于其工艺复杂,技术要求比较高,所以只有在一些形状复杂,对工件强度和韧性要求都较高的情况下才会使用铸钢。

3. 在锻压生产上的应用

在日常生产中,因为人们对各种工件的形状、性能等方面的要求不同,造成了钢材加工除了有切削、铸造等传统工艺外,有的工件还需要经过锻压工艺。锻压工艺即是将工件加热至一定温度,再将其锻压成的技术。需要加热的原因是钢在室温时的组织形态为两相的混合物，脆性较大，硬度强度较大，变形困难，易断裂。只有将其加热到单向奥氏体状态，才具有较低的强度，较好的塑性和较低的变形抗力，才会易于锻压成型。而要把材料加热到奥氏体状态的所需温度则需要借助铁碳合金相图来计算。铁碳合金相图的单相奥氏体区即在 *GS*、*SE* 线以上，所以进行锻压或热轧加工时，一定要把坯料加热到 *GS*、*SE* 线以上，但也不宜过高，以免钢材因为温度过高而氧化烧损严重。但变形的终止温度也不宜过低，温度过低时，硬度会大，会增加锻压的难度，增加能量的消耗和设备的负担，另外，还会因塑性的降低而导致坯料开裂。所以各种碳钢的较合适的锻压加热温度是 1 150 ~ 1 200 ℃，变形终止温度为750 ~ 850 ℃。

4. 在焊接生产上的应用

各种含碳量的铁碳合金的可焊性是不同的，在焊接生产中，各种钢材所用方法也不同。另外，在焊接时，两块不同的钢材焊在一起，在焊缝处是最脆弱的，由于局部区域被快速高温加热，而其他部分未被加热，就造成母材各处温度不同，从而造成冷却后的组织性能不同，强度、硬度、韧性、塑性就不均匀，从而容易在脆弱处形成损坏。为了获得均匀一致的组织性能，还需要通过焊后的热处理来调整和改善。

5. 在热处理生产上的应用

通过铁碳合金相图，我们可以看到，铁碳合金在固态加热或冷却过程中，会穿过一条条的相变线，即产生了相的变化。我们知道，不同的组织形态决定了不同的力学性能，所以，我们可以通过热处理来改变铁碳合金的力学性能。主要有退火、正火、淬火和回火等热处理方式。而且，根据不同的要求，还可以进行表面热处理等方式得到想要的力学性能。

铁是工业上应用最广泛的金属材料，而凡是用到钢铁的力学变化，无论是碳含量的增减还是升温降温热处理等，全都离不开铁碳合金相图。所以，铁碳合金相图在现代工业生产中是至关重要的，铁碳合金相图伴随着钢铁的每一步生产和应用。

【做一做】

简答题

列举两例铁碳合金相图在热处理生产上的应用。

【评一评】

试用量化方式（评星）评价本节学习情况，并提出意见与建议。

学生自评：____________________

____

小组互评：____________________

____

老师点评：____________________

____

附 录

附录一 压痕直径与布氏硬度对照表

压痕直径 d/mm	HBS 或 HBW $D=10$ mm $F=29.42$ kN	压痕直径 d/mm	HBS 或 HBW $D=10$ mm $F=29.42$ kN
2.40	653	2.64	538
2.42	643	2.66	530
2.44	632	2.68	522
2.46	621	2.70	514
2.48	611	2.72	507
2.50	601	2.74	499
2.52	592	2.76	492
2.54	582	2.78	485
2.56	573	2.80	477
2.58	564	2.82	471
2.60	555	2.84	464
2.62	547	2.86	457

续表

压痕直径 d/mm	HBS 或 HBW $D=10$ mm $F=29.42$ kN	压痕直径 d/mm	HBS 或 HBW $D=10$ mm $F=29.42$ kN
2.88	451	3.44	313
2.90	444	3.46	309
2.92	438	3.48	306
2.94	432	3.50	302
2.96	426	3.52	298
2.98	420	3.54	295
3.00	415	3.56	292
3.02	409	3.58	288
3.04	404	3.60	285
3.06	398	3.62	282
3.08	393	3.64	278
3.10	388	3.66	275
3.12	383	3.68	272
3.14	378	3.70	269
3.16	373	3.72	266
3.18	368	3.74	263
3.20	363	3.76	260
3.22	359	3.78	257
3.24	354	3.80	255
3.26	350	3.82	252
3.28	345	3.84	249
3.30	341	3.86	246
3.32	337	3.88	244
3.34	333	3.90	241
3.36	329	3.92	239
3.38	325	3.94	236
3.40	321	3.96	234
3.42	317	3.98	231

续表

压痕直径 d/mm	HBS 或 HBW $D=10$ mm $F=29.42$ kN	压痕直径 d/mm	HBS 或 HBW $D=10$ mm $F=29.42$ kN
4.00	229	4.56	174
4.02	226	4.58	172
4.04	224	4.60	170
4.06	222	4.62	169
4.08	219	4.64	167
4.10	217	4.66	166
4.12	215	4.68	164
4.14	213	4.70	163
4.16	211	4.72	161
4.18	209	4.74	160
4.20	207	4.76	158
4.22	204	4.78	157
4.24	202	4.80	156
4.26	200	4.82	154
4.28	198	4.84	153
4.30	197	4.86	152
4.32	195	4.88	150
4.34	193	4.90	149
4.36	191	4.92	148
4.38	189	4.94	146
4.40	187	4.96	145
4.42	185	4.98	144
4.44	184	5.00	143
4.46	182	5.02	141
4.48	180	5.04	140
4.50	179	5.06	139
4.52	177	5.08	138
4.54	175	5.10	137

续表

压痕直径 d/mm	HBS 或 HBW $D=10$ mm $F=29.42$ kN	压痕直径 d/mm	HBS 或 HBW $D=10$ mm $F=29.42$ kN
5.12	135	5.58	112
5.14	134	5.60	111
5.16	133	5.62	110
5.18	132	5.64	110
5.20	131	5.66	109
5.22	130	5.68	108
5.24	129	5.70	107
5.26	128	5.72	106
5.28	127	5.74	105
5.30	126	5.76	105
5.32	125	5.78	104
5.34	124	5.80	103
5.36	123	5.82	102
5.38	122	5.84	101
5.40	121	5.86	101
5.42	120	5.88	99.9
5.44	119	5.90	99.2
5.46	118	5.92	98.4
5.48	117	5.94	97.7
5.50	116	5.96	97.7
5.52	115	5.98	96.9
5.54	114	6.00	95.5
5.56	113		

附录二　黑色金属硬度及强度换算表 1

洛氏硬度		布氏硬度 HB	维氏硬度 HV	近似强度值 σ_b/MPa
HRC	HRA			
70	(86.6)		(1 037)	
69	(86.1)		997	
68	(85.5)		959	
67	85.0		923	
66	84.4		889	
65	83.9		856	
64	83.3		825	
63	82.2		795	
62	82.2		766	
61	81.7		739	
60	81.2		713	2 607
59	80.6		688	2 496
58	80.1		664	2 391
57	79.5		642	2 293
56	79.0		620	2 201
55	78.5		599	2 115
54	77.9		579	2 034
53	77.4		561	1 957
52	76.9		543	1 885
51	76.3	(501)	525	1 817
50	75.8	(488)	509	1 753
49	75.3	(474)	493	1 692
48	74.7	(461)	478	1 635
47	74.2	449	463	1 581
46	73.7	436	449	1 529
45	73.2	424	436	1 480

续表

洛氏硬度		布氏硬度 HB	维氏硬度 HV	近似强度值 σ_b/MPa
HRC	HRA			
44	72.6	413	423	1 434
43	72.1	401	411	1 389
42	71.6	391	399	1 347
41	71.1	380	388	1 307
40	70.5	370	377	1 268
39	70.0	360	367	1 232
38		350	357	1 197
37		341	347	1 163
36		332	338	1 131
35		323	329	1 100
34		314	320	1 070
33		306	312	1 042
32		298	304	1 015
31		291	296	989
30		283	289	964
29		276	281	940
28		269	274	917
27		263	263	895
26		257	261	874
25		251	255	854
24		245	249	835
23		240	243	816
22		234	237	799
21		229	231	782
20		225	226	767
19		220	221	752
18		216	216	737
17		211	211	724

附录三　黑色金属硬度及强度换算表 2

洛氏硬度 HRB	布氏硬度 HB30D^2	维氏硬度 HV	近似强度值 σ_b/MPa
100		233	803
99		227	783
98		222	763
97		216	744
96		211	726
95		206	708
94		201	691
93		196	675
92		191	659
91		187	644
90		183	629
89		178	614
88		174	601
87		170	587
86		166	575
85		163	562
84		159	550
83		156	539
82	138	152	528
81	136	149	518
80	133	146	508
79	130	143	498
78	128	140	489
77	126	138	480
76	124	135	472
75	122	132	464

续表

洛氏硬度 HRB	布氏硬度 $HB30D^2$	维氏硬度 HV	近似强度值 σ_b/MPa
74	120	130	456
73	118	128	449
72	116	125	442
71	115	123	435
70	113	121	429
69	112	119	423
68	110	117	418
67	109	115	412
66	108	114	407
65	107	112	408
64	106	110	398
63	105	109	394
62	104	108	390
61	103	106	386
60	102	105	383

注:①表中所给出的强度值,是指当换算精度要求不高时,适用于一般钢种,对于铸铁则不适用。

②表中括号内的硬度数值,分别超出它们的试验方法所规定的范围,仅供参考使用。

附录四 常用钢的临界点

钢 号	临界点/℃					
	Ac_1	$Ac_3(Ac_{cm})$	Ar_1	Ar_3	M_s	M_f
15	735	865	685	840	450	
30	732	815	677	796	380	
40	724	790	680	760	340	
45	724	780	682	751	345 ~ 350	
50	725	760	690	720	290 ~ 320	

续表

钢 号	临界点/℃					
	Ac_1	$Ac_3(Ac_{cm})$	Ar_1	Ar_3	M_s	M_f
55	727	774	690	755	290 ~ 320	
65	727	752	696	730	285	
30Mn	734	812	675	796	355 ~ 375	
65Mn	726	765	689	741	270	
20Cr	766	838	702	799	390	
30Cr	740	815	670	—	350 ~ 360	
40Cr	743	782	693	730	325 ~ 330	
20CrMnTi	740	825	650	730	360	
30CrMnTi	765	790	660	740	—	
35CrMo	755	800	695	750	271	
25MnTiB	708	817	610	710	—	
40MnB	730	780	650	700	—	
55Si2Mn	775	840	—	—	—	
60Si2Mn	755	810	700	770	305	
50CrMn	750	775	—	—	250	
50CrVA	752	788	688	746	270	
GCr15	745	900	700	—	240	
GCr15SiMn	770	872	708	—	200	
T7	730	770	700	—	200 ~ 230	
T8	730	—	700	—	220 ~ 230	-70
T10	730	800	700	—	200	-80
9Mn2V	736	765	652	125	—	—
9SiCr	770	870	730	—	170 ~ 180	—
CrWMn	750	940	710	—	200 ~ 210	—
CrWMn	810	1 200	760	—	150 ~ 200	-80
Cr12MoV	710	770	680	—	220 ~ 230	—
3Cr2W8	820	1 100	790	—	380 ~ 420	-100
W18Cr4V	820	1 330	760	—	180 ~ 220	—

注:临界点的范围因奥氏体化温度不同,或试验不同而有差异,故表中数据为近似值,供参考。

参考文献

[1] 周运海，陈文珂，黄韦. A390 合金近液相线法处理中初生硅形态的演变[J]. 中国铸造装备与技术，2012(5):8-10.

[2] 刘建敏. 珠光体钢丝大应变冷拔过程中铁素体与渗碳体组织演变规律的研究[D]. 贵阳:贵州大学，2016.

[3] 朱瑞富，李士同. 高锰钢的价电子结构及其本质特性[J]. 科学通报，1996，41(14):1336.

[4] 赵霞，查向东，刘扬，等. 一种新型镍基耐蚀合金与625 合金异种金属焊接接头的组织和力学性能[J]. 金属学报，2015，51(2):249-256.

[5] 范景莲，黄伯云，汪登龙. 过程控制剂对机械合金化过程与粉末特征的影响[J]. 粉末冶金工业，2002，12(2):7-12.

[6] 冯瑞，李齐，闵乃本. 钼单晶体中亚晶界位错结构的研究[J]. 物理学报，1965(2):431-449.

[7] 伍倪燕. 热处理对机床主轴用40Cr、65Mn 钢力学性能的影响[J]. 制造技术与机床，2016(2):75-78.

[8] 丁厚福，郑玉春. 热处理对T12A 钢韧性的影响[J]. 热加工工艺，1995(2):45-47.

[9] 黄建洪，刘东雨. 低合金刃具钢的姜块状索氏体化处理[J]. 金属热处理，1999(1):1-4.

[10] 匡法正. 球墨铸铁热处理技术的探究[J]. 科技与创新，2017(18):67-68.

[11] 唐春. 高锰可锻铸铁的显微组织与力学性能研究[D]. 湘潭:湘潭大学，2006.

[12] 曹祎哲. 磷的析出行为对含铌耐候钢组织形貌及冲击性能的影响[D]. 呼和浩特:内蒙古科技大学，2015.

[13] 李颖. 铬对Fe-Cr-B 合金显微组织和性能的影响[D]. 西安:西安建筑科技大学，2014.

[14] 张镇生，李荫松. 关于小能量多次冲击问题的探讨[J]. 机械工程材料，1980(1):2-6.